JN123682

入門Webデザイン

第四版

INTRODUCTION
TO WEB DESIGN

[ FOR WEB DESIGNERS ]

CG-ARTS

公益財団法人 画像情報教育振興会

# contents

# 5 Webサイトの公開と運用

# appendix

## サンプルデータのダウンロードについて

chapter4に掲載されている各サンプルのデータは，CG-ARTSのWebサイトから
ダウンロードすることができます。つぎのURLに直接アクセスしてください。

https://www.cgarts.or.jp/book/web/4th-sample/

## ■本書の目的と構成

現代社会において，Webサイトはテレビや新聞と同様に，人が情報を取得するための重要なメディアとして広く浸透している。また，情報の取得だけに留まらず，ブログやSNSを利用することによって，技術やデザインの専門的な知識がなくても，誰でも手軽にインターネットを利用した情報発信やコミュニケーションを行うことが可能になった。

本書は，公益財団法人 画像情報教育振興協会（CG-ARTS）がWebデザインを体系的に学習できる入門用教科書として編集したものである。合わせて，当協会が実施している検定試験「Webデザイナー検定」の，主としてベーシックを受験しようとする学習者のための教材でもある。Webデザイナー検定 ベーシックは，個人がWebデザインを行うために必要な基礎知識の理解度を測る試験である。読者の皆様に，本書での学習と検定試験の受験を通じて，自分自身の知識や技能の習得度を把握し，学習や進学・就職活動に生かしていただくことが，本書の目的である。

本書の構成に関しては，右の表をご覧いただきたい。本書では，Webデザインの基礎知識を体系的に無理なく学べるよう，ステップごとに内容を構成しており，理解がしやすくなっている。また，実際のWebサイト制作現場の制作工程に合わせるかたちで章を構成し，スマートデバイスへの対応にも配慮しているため，より実践的な内容になっている。加えて本書では，chapter4で解説しているHTML，CSS，演習で使用する素材一式をサンプルデータとして提供している。本書を用いて学習する際にはぜひ活用していただきたい。

### 本書の構成

**chapter1**
**Webデザインへのアプローチ**

インターネットの歴史とWebの構成要素，Webサイトの種類，Webサイトの制作フローと制作のためのツールについて理解する。

**chapter2**
**コンセプトと情報設計**

コンセプトメイキング，情報の収集・分類・組織化，閲覧機器の違いによる表示の手法ついて理解する。

**chapter3**
**デザインと表現手法**

文字や色の基礎知識，画像の扱い方やWebサイトのレイアウト，インタラクションなどについて理解する。

**chapter4**
**Webページを実現する技術**

HTML，CSSの基礎知識，Webページ制作の流れについて理解する。

**chapter5**
**Webサイトの公開と運用**

Webサイトの公開へ向けたテスト，公開後の運用とセキュリティ，インターネットを利用していくためのリテラシについて理解する。

**appendix**
**知的財産権**

知的財産権について理解する。

なお，Webデザインに関してさらに深く学びたい場合には，本書では取り扱わなかったWebデザインに関連する業務をトータルな視点から解説している，同協会発行の『Webデザイン』を適宜参照されることをお勧めする。本書にて，Webデザインの基礎知識を学び，『Webデザイン』にて，より高度な知識や，業務としての取り組み方について学ぶことで，効果的な学習ができる構成となっている。

2022年3月

『入門Webデザイン』編集委員会

編集委員長　山口　康夫

# 1

# Webデザインへの
アプローチ

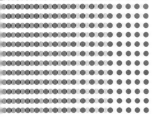

# 1-1
# Webデザインを学ぶ前に

いまインターネットとWWW(World Wide Web)は，私たちの生活になくてはならない存在になっている。今日起こったできごとや，今夜行くレストランの予約，店舗へのアクセスを調べたり，日用品の購入といったあらゆることがWebを通して行える。Webデザインを志す者として，その誕生からいまに至る歴史を知ることは基礎的な教養といえるだろう。

### 1-1-1　インターネットの歴史

　インターネットの起源は，米国防総省のARPAが始めたコンピュータネットワークのARPANETであるといわれている。この技術を基に学術機関を結ぶネットワークが構築され，これが発展し商業利用されるようになり，現在のインターネットに至る。

## [1] インターネットの起源

　1960年代に遠隔地にあるコンピュータどうしを接続してコミュニケーションを行うための研究が始まった。この取り組みに開発資金を提供したのが，米国防総省の高等研究計画局（ARPA：Advanced Research Projects Agency）[*1]のため，このARPAによって構築されたコンピュータネットワークは**ARPANET**とよばれた。いくつかの大学や研究機関が参加するプロジェクトとして始まり，当初はカリフォルニア大学ロサンゼルス校や，スタンフォード研究所などのコンピュータが接続された。

　ARPANETでは**パケット交換方式**（パケット通信）が導入された（図1.1）。

*1　現在はDARPA（国防高等研究計画局）。

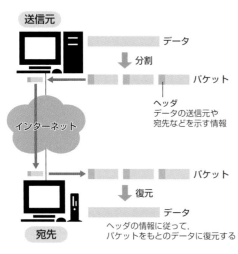

■図1.1———パケット交換方式

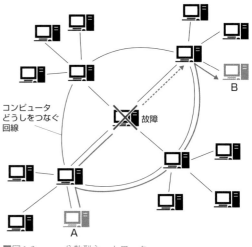

■図1.2———分散型ネットワーク
ネットワークの拠点が1つ故障しても，AとBは迂回して通信できる。

これはデータを小さな単位（パケット）に分けて送受信する方式で，1つの回線で複数の通信を同時に行うことができ，データ送信の経路も臨機応変に対応できるというメリットがあった。また，**分散型ネットワーク**を用いたことで，1台が故障してもネットワークを機能させることができた（図1.2）。

## [2] インターネットの誕生

1980年代に入る頃には，ARPANET以外にも，パケット交換方式を用いたコンピュータネットワークが数多く登場した。これらは同じパケット交換方式でも，コンピュータ間のやり取りを定義したルールである**通信プロトコル**が異なるため，それぞれ独立したネットワークとして存在していた。そこで，これら複数のネットワークどうしを相互に接続し，1つのネットワークのように機能させるため，**インターネット・プロトコル・スイート**（**TCP/IP**ともよばれる）[2]が共通の通信プロトコルとして採用された。これにより，初期のインターネットが誕生した。

1990年代になると，これまで研究機関で使われていたインターネットは，従来のパソコン通信業者の参入や**ISP**（インターネットサービスプロバイダ：Internet Service Provider）とよばれるインターネット専門の接続業者の登場により，一般向けの商用サービスでも接続が可能となった。

さらに，1995年に登場する「Microsoft Windows 95」の普及とともに，パーソナルコンピュータや携帯デバイスなどの多くのディジタルデバイスがインターネットに接続できる世界が実現した。

*2 TCP/IPは，データ送信のプロトコルであるIP（Internet Protocol）と転送されたデータの再構成用のプロトコルであるTCP（Transmission Control Protocol）の2つのプロトコルを意味する。

## [3] 日本のインターネット

日本におけるインターネットの始まりは1984年，村井純[3]により，東京工業大学，慶應義塾大学，東京大学のコンピュータをつないだJUNET（Japan University NETwork）が起源とされている。1991年にJUNETが終了するまで700を超える研究所のコンピュータが接続された。1988年にJUNETのメンバを中心としてTCP/IPを使ってさらに広域なネットワークを構築するWIDEプロジェクト（Widely Integrated Distributed Environment）が発足した。そして，1992年には研究プロジェクトではなく，商用サービスとしてインターネット接続を提供する日本初のISPであるIIJ（Internet Initiative Japan）が設立された。その後，多くのISPが登場し，日本においても一般への普及が加速した。

*3 慶應義塾大学名誉教授。JUNET設立当時は東京工業大学の研究者で「日本のインターネットの父」といわれている。

## 1-1-2　Webの歴史

インターネットは優れたインフラであるが，使えるサービスが電子メールだけでは，ここまで普及はしなかったであろう。私たちがインターネットを介して行うほとんどの行為はWeb上で行われている。インターネッ

トとWebが組み合わされたことで, 今日のインターネット社会が形成され
ている。

## [1] WWW (World Wide Web) の発明

1989年, CERN (欧州原子核研究機構) のティム・バーナーズ・リー (T.
B. Lee) は, 研究者たちが相互にあらゆる資料を参照したり, 共有できる
プログラムを模索しており, そのプログラムの実現のために**ハイパーテキ
スト**[*4]の概念を採用した。ハイパーテキスト自体は, 古くから提唱されてい
た概念であり, 文書どうしをリンク情報によって繋ぎ合わせる技術であ
る。ティム・バーナーズ・リーは, ハイパーテキストを実現させるために, そ
の文書がネットワーク上に接続されたコンピュータのどこに収められて
いるかを記述するアドレスをつくった。これが**URL** (Uniform Resource
Locator) である。さらにハイパーテキストを記述する言語のHTML
(HyperText Markup Language), HTMLを通信するプロトコルの
**HTTP** (HyperText Transfer Protocol), そして送信するためのWeb
サーバと閲覧するためのWebブラウザをつくり出した。

ネットワーク上の文書がすべて相互にリンクされ情報の共有がされて
いくようすを「世界中に張り巡らされた蜘蛛の巣」にたとえ, このプログラ
ム群は**WWW** (World Wide Web) と名付けられた。そして, いまでは単
に**Web**とよばれている。

## [2] ティム・バーナーズ・リーの功績

Webが真に革命的であったのは, ティム・バーナーズ・リーの強い意向
により, すべての技術とプログラムの使用, 複製, 配布を完全に無料とし
たことである。誰もが無料で使用でき, Webページをつくり, さらにほか
のページにリンクすることが可能となった[*5]。これにより世界中の個人, 企
業, あらゆる団体がインターネットを使い, 自由に情報発信や商業的活動
を行うことができるようになったのは, ティム・バーナーズ・リーが成し遂
げた功績である。

その後, ティム・バーナーズ・リーは, Web技術の発展と標準化, 公平性
を保つために**W3C** (World Wide Web Consortium) を設立した。

## [3] Webブラウザと Web技術の発展

Webを閲覧するためには**Webブラウザ**が必要である。最初に公開され
たWebブラウザは使用できるコンピュータや表現が限定されたもので
あったが, その後, 機能が拡張された多くのWebブラウザがつくられるこ
とになる。なかでも, 大きな注目とユーザを集めたWebブラウザは,
1993年にイリノイ大学のマーク・アンドリーセン (M. Andreessen) が開
発した「Mosaic」である (図1.3)。その特徴はテキストと画像をレイアウ
トして1つのページとして表示できることであった。さらに, マーク・アン
ドリーセンは, ネットスケープコミュニケーションズ社を設立し, 高機能

*4 1965年に社会・
情報技術の科学者で
あるテッド・ネルソン
(T. H. Nelson) によ
り, ハイパーテキスト
は, その概念を「テキ
ストを超える」という
意味で名付けられた。

*5 本書で取り扱
うWebページとは,
Webブラウザによっ
て表示される1つの
HTMLファイルのこ
とを指す。

なWebブラウザである「Netscape Navigator（機能限定版）」を無料で配布した。これにより、ユーザが爆発的に増えていくことになり、「Netscape Navigator」がWebブラウザの標準となっていった。その後、マイクロソフト社が開発したWebブラウザの「Internet Explorer」と、ブラウザ戦争とよばれるシェア争いが勃発することになったが、次第に機能が充実していく「Internet Explorer」との争いに敗れた「Netscape Navigator」は、やがてプログラムコードを公開し、誰もが開発できるオープンソースとなりブラウザ戦争は終焉した。その後、「Netscape Navigator」はオープンソースのWebブラウザ「Mozilla Firefox」として生まれ変わることとなった。

　「Internet Explorer」の普及とともに、Webブラウザの機能も進化していった。Webブラウザに**プラグイン**とよばれる別のプログラムを組み込むことで、テキストと画像の表示にとどまらず、音声や動画像、インタラクティブなアニメーションなどをWebページとして見ることができるなど、表現の幅が広がっていった。かつての有名なプラグインには、「Adobe Flash」などがあげられるが、これらのプラグインは開発する各社が規格をつくるため、コンピュータやWebブラウザ間の互換性、セキュリティ上の問題を起こすことになった。この問題に対し、W3Cを中心にHTMLの規格が改良され、2014年に勧告されたHTML5[*6]のバージョンでは音声や動画像、アニメーションなどがWebブラウザの標準機能として内包されていった。

　2008年にはグーグル社がWebブラウザ「Google Chrome」を発表し、同年アップル社は「Mac」のOS用のWebブラウザ「Safari」を「Windows」にも移植した。高速な描画とHTMLの最新規格を取り入れたこれらのWebブラウザはモダンブラウザとよばれ、次第に標準Webブラウザとして浸透していった。また、マイクロソフト社もそれまでの「Windows」のOSに標準搭載していた「Internet Explorer」を「Windows 10」からは、標準Webブラウザを「Microsoft Edge」[*7]に移行させた。現在、インターネットへのアクセス数の過半数を占めているスマートフォンで使われている主要なWebブラウザは、モバイル版の「Google Chrome」と「Safari」である。

*6 HTMLの詳細については、4-2を参照のこと。

*7 「Microsoft Edge」は、グーグル社が「Google Chrome」のためにオープンソースのプロジェクトとして開発した「Chromium」をベースに開発されている。

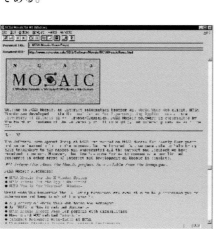

■図1.3────Webブラウザ「Mosaic」

## 1-1-3 Webページの構成要素

Webページは，HTMLというマークアップ言語によりつくられており，デザインやレイアウトにはスタイルシート言語であるCSS，Webページの機能を向上させるためにはJavaScriptなどのプログラミング言語が使用されている。

### [1] HTMLとCSS

Webページは**HTML**とよばれる**マークアップ言語**でつくられている。基本的な構造としては，文書に対して**タグ**とよばれる記号を使って目印を付ける。たとえば，この文書はタイトルであり，ここからここまでは本文というように，その文書構造を識別していくものである（図1.4）。画像などはリンク情報として，画像ファイルの名前と保存場所を指定する。当初はHTML内部に，フォントサイズやカラーといった装飾的な要素もタグのなかに記述されていたが，2000年代に入る頃にはHTML4（HTML4.01）へと規格が変わり，レイアウトやフォントの種類などデザインに関わる部分は**CSS**[*8]（Cascading Style Sheets）とよばれる**スタイルシート言語**を使用し，HTMLのファイルとは別のファイルに分離することになる（図1.5）。これにより，同じHTMLファイルでもデバイスや目的に応じてCSSを使い分けることでデザインを切り替えることが可能となった。また，多くのHTMLを編集するうえでも効率的な管理が実現された。

＊8 CSSの詳細については，4-3を参照のこと。

```
index.html
<!doctype html>
<html>
  <head>
      <meta charset="UTF-8">
      <title> はじめてのWebページ </title>
  </head>

  <body>
      <h1> こんにちは </h1>
      <p> よろしくおねがいします。 </p>
  </body>
</html>
```

■図1.4――HTMLの例

```
style.css
@charset "UTF-8";
h1{
  color: blue;
}
h2{
  color: #0000ff;
}
p{
  color: rgb(0,0,255);
}
```

■図1.5――CSSの例

## [2] JavaScript

HTML, CSS以外にWebページの機能を向上させるために，JavaScript[*9]というプログラミング言語が使用される（図1.6）。使われるシーンはさまざまであるが，たとえば**カルーセル**（図1.7）とよばれる複数の画像をインタラクティブに切り替えるしくみや，メニューの開閉の制御などで使われることが多い。また，「jQuery」などのJavaScriptで記述されたプログラム群が**ライブラリ**[*10]として供給されており，これを利用することで初めからプログラムするよりも手軽に，さまざまな機能を付加することが可能となる。

*9 JavaScriptは，「Netscape Navigator」がより高度な制御を達成するために採用したプログラミング言語である。コードの記述や実行が比較的容易であることからスクリプト言語とよばれることもある。現在ではほとんどのWebブラウザで利用可能である。

*10 Webサイト制作やアプリケーション開発において，よく使われるようなプログラムをひとまとまりにしたもの。

```javascript
function.js
1  function hamburger() {
2    document.getElementById('line1').classList.toggle('line_1');
3    document.getElementById('line2').classList.toggle('line_2');
4    document.getElementById('line3').classList.toggle('line_3');
5    document.getElementById('nav').classList.toggle('in');
6  }
7  document.getElementById('hamburger').addEventListener('click' , function () {
8    hamburger();
9  } );
```

■図1.6———JavaScriptの例

■図1.7———カルーセルの例「MdN」
（提供：株式会社エムディエヌコーポレーション https://www.mdn.co.jp/news/）

## [3] 画像や動画像などの要素

Webページで画像を表示するには，特定のファイル形式で保存した画像ファイルにリンクする。Webで扱える画像のファイル形式にはJPEG，PNG，GIF，SVGなどがあり，それぞれに特徴があるため，用途に応じて適切なファイル形式を選択することが大切である。[*11] 2014年に勧告されたHTML5からは，音声（mp3ファイルなど）や動画像（mp4ファイルなど）も専用のタグが用意され，簡単に取り扱えるようになった。

*11 画像のファイル形式の詳細については，3-3-2を参照のこと。

## 1-1-4　Webサーバとクライアント

*12 本書で取り扱うWebサイトとは，複数のWebページをいくつかのメニュー（カテゴリ）やサービスなどに取りまとめて提供されているものを指している。

*13 Webサイトの保存，公開を行うためのコンピュータ，あるいはそのためのプログラムのこと。

*14 DNS（Domain Name System）とは，URLなどに表記されているホスト名とネットワークの名前（ドメイン名）からIPアドレスを取得する，あるいは逆にIPアドレスからホスト名を取得するしくみ。

*15 ネットワーク上の機器に割り当てられるもので，インターネット上の住所に相当する。122.216.138.79などの数字で表現される。

*16 httpsについては，5-4-1 [3] を参照のこと。

Webサイト[*12]（Webページ）は，**Webサーバ**[*13]のなかに保存され，公開されている。**Webブラウザ**でWebサイトを閲覧するには，Webサイトの保存場所を示すURLをWebブラウザから指示する。たとえば，CG-ARTSのWebサイトであれば，「https://www.cgarts.or.jp/」というURLを入力することになる。このとき，Webブラウザは「https://www.cgarts.or.jp/」というURLを，**DNS**[*14]サーバによって**IPアドレス**[*15]に変換してから，CG-ARTSのWebサーバと通信を行う。

インターネットに接続されたコンピュータには，それぞれユニーク（唯一無二）なIPアドレスが割り当てられている。コンピュータどうしの通信では，自分と相手のIPアドレスにより，お互いの存在を認識することでデータのやりとりを行う。このIPアドレスの数字を，人間が覚えやすく，入力しやすい特定の文字列へ置き換えたものが**FQDN**（Fully Qualified Domain Name）である。

FQDNは**ホスト名**（サーバ名）と**ドメイン名**で構成されており，たとえば，「https://www.cgarts.or.jp/」というURLの場合，ホスト名は「www」でドメイン名は「cgarts.or.jp」となる。ドメイン名は，インターネットにおける個々のネットワーク組織を識別するための文字列であり，**トップレベル**，**セカンドレベル**，**サードレベル**という階層構造になっている（図1.8）。

なお，「http」または「https」[*16]は，WebサーバとWebページを閲覧しているWebブラウザ（クライアント）がデータを送受信する際に用いる，通信プロトコルを表している（図1.9）。

■図1.8———ドメイン名の階層構造

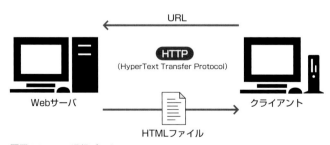

■図1.9———通信プロトコル
WebサーバとクライアントはHTTPで通信を行う。

# 1-2
# さまざまなWebサービス

Webサイトにはさまざまなサービスが存在し，それらは業種やビジネスの手法によって求められる機能や構造，デザインなどが異なっている。ここでは，インターネットを代表するWebサービスの成り立ちと，Webサイトの種類をいくつか解説する。[*17]

*17 本書で取り扱うWebサービスとは，メディア系サイトやECサイトなど，ユーザが購入，検索，交流などをWebを介して利用できるサービスを指している。

---

## 1-2-1　代表的なWebサービス企業

インターネットの普及とWeb技術の向上により，ビジネスやコミュニケーションの場でさまざまなサービスが誕生し，社会に大きな変革をもたらした。これらのサービスは今日のWebサービスの基礎を築いている。

### [1] ポータルサイト「Yahoo!」

1994年にスタンフォード大学の大学院生であったジェリー・ヤン（J. Yang），デビット・ファイロ（D. Filo）は，数が膨大になっていくWebサイトを，「ビジネス」や「教育」などのカテゴリに分けて紹介するWebサイトを構築した。これが「Yahoo!」の始まりである。当時はまだ，検索エンジンは確立されておらず，目的のWebサイトを探すには「Yahoo!」にアクセスし，そこからカテゴリを選んで目的のサイトにアクセスするものであった。[*18]その後，天気予報やニュースなどの情報が追加され，このサービスはインターネットへの玄関という意味でポータルサイトとして認知されるようになった。また，通信会社やプロバイダ企業などでも同様にポータルサイトがつくられていった。

米国ヤフー社[*19]誕生後に間もなく，1996年にはソフトバンク社（現ソフトバンクグループ株式会社）と米国ヤフー社の合併により，ヤフー株式会社が設立され，「Yahoo! JAPAN」が誕生した。1999年には「Yahoo!メール」，「Yahoo!ショッピング」，「Yahoo!オークション（現「ヤフオク!」）」を開設し，日本における主要なポータルサイトとしての地位を確立した。

*18 ディレクトリサービスともよばれている。

*19 米国ヤフー社はグーグル社の「Google Chrome」やマイクロソフト社の「Bing」などの後発の検索エンジンサービスが台頭するにつれて，次第に後退し，2019年に解散した。

### [2] 検索エンジンの革命「Google」

「Yahoo!」から遅れること数年，スタンフォード大学の大学院生ラリー・ペイジ（L. Page）とセルゲイ・ブリン（S. Brin）が，検索エンジンに革命をもたらすことになる。

検索エンジンは最適な検索結果を表示するために，クローラとよばれるロボット（プログラム）がWebのリンクをたどり，そこに書き込まれたキーワードとURLを収集し，データベースに溜め込むものである。当時の検索

エンジンサービスは，検索されたキーワードがより多く書かれているページを表示するような単純なしくみでできていた。そのため，欲しい情報にたどり着くにはユーザ自身が，さまざまなキーワードを組み合わせて導き出すような工夫が必要であった。

そこで2人は，よりよい検索結果を導き出せるように「PageRank」という評価軸をつくり出した。これは，そのページがどこからリンク（被リンク）されているのか，その数とどれくらい重要なWebサイトからリンクされているのかを指標とするものである。[20] これによって，飛躍的にユーザが求める答えに近い検索結果を引き出せるようになった。

1998年にグーグル社を設立させ，2000年には検索ワードに広告（**キーワード広告**）[21]を付けるようになった。その後，「Google マップ」，「Gmail」，「YouTube」などのサービスをつぎつぎと追加し，ネットワーク広告の巨大なプラットフォームとして世界最大のインターネット企業となっている（図1.10）。

■図1.10————「Google」
（https://www.google.com/
Google, Google ロゴ, Google マップ, Gmail, YouTubeは，Google LLCの商標です。）

## [3] リアルとネットの巨大インフラ「Amazon」

1995年にジェフ・ベゾス（J. Bezos）が，書店のオンラインストアとして，「Amazon」をスタートさせた。ジェフ・ベゾスは欲しい本がいつでもすぐに手に入るサービスを実現するために，物流拠点の整備にあたった。

その後，2000年には日本語版の「Amazon.co.jp」が誕生した（図1.11）。以降，多くの商材を取り扱い，電子書籍の販売も行っている。

「Amazon」には，ECサイト[22]としてのWebデザインにおいて，特徴的な多くの機能が取り入れられている。ショッピングカート（買い物かご）というECサイトの標準となったインタフェースや，「自分と同じ商品を買った別のユーザが同時に購入していた商品」などのレコメンド機能などである。また，2006年にサービスが開始された「AWS（Amazon Web Services）」は，2021年現在，世界で最も採用されているクラウドプラットフォームであり，スタートアップ，大企業，公共機関のイノベーションを加速させている。[23]

*20 ここで示す重要なWebサイトとは，「PageRank」の順位が高いWebサイトを指す。評価軸はさまざまあるが順位が高いWebサイトは，ユーザ目線に立った質の高いコンテンツを提供し，利用したユーザがそのWebサイトをシェアしたくなるようなWebサイトであることが多い。

*21 リスティング広告ともよばれる。キーワードが検索された際に検索結果に表示されるもので，オークション形式になっており，人気のあるキーワードは入札単価が高くなる。

*22 ECサイトの詳細については，1-2-2[2]を参照のこと。

*23 Web上でアプリケーションの実行やデータの保存，データベースやサーバの構築が可能となる環境（プラットフォーム）や，サービスのこと。

■図 1.11───「Amazon.co.jp」
（提供：アマゾンジャパン株式会社 https://www.amazon.co.jp/
Amazon およびそれらのロゴは，Amazon.com, Inc. またはその関連会社の商標です。）

## [4] SNS を代表する「Facebook」，「Twitter」

**SNS**（Social Networking Service）という用語が一般に普及する以前，インターネット初期のユーザどうしのコミュニケーションの場は，電子掲示板[*24]（BBS：Bulletin Board System）やチャットルームとよばれるサービスが主流であった。テーマに沿ったページが用意され，不特定の人々が意見を交換するものであり，とくに個人を特定するような形式ではなく，ハンドルネームとよばれるユーザ名が使われていた。その後，趣味などの目的をもった人々がユーザ登録をして集うコミュニティサイトが登場した。

スマートフォンが普及すると，個人的なつながりをネット上で再現するSNSが登場した。その代表的なサービスが，ハーバード大学の学生だったマーク・ザッカーバーグ（M. Zuckerberg）によってつくられた「Facebook」である。「Facebook」は，2004 年に大学内の学生どうしの交流を図る目的で，実用的な学生名簿として立ち上げられたが，その後，急速に学外を越えて広まり，2006 年には一般に公開された。原則として「Facebook」では実名で登録することで，実際の交友関係がネット上に構築される。年齢，居住地，学歴，職歴，趣味などユーザに関する多くの情報をもつため，より正確な**ターゲット広告**[*25]のプラットフォームになっている。

「Facebook」と並び SNS を代表するサービスが「Twitter」である。2006 年にジャック・ドーシー（J. Dorsey）ら 4 名によりサービスが開始された「Twitter」は，全角 140 文字（半角 280 文字）に限定した短い文書の発信が特徴であり，匿名で複数のアカウントをもつことができる。また，他人の投稿を自分のフォロワに広めることができる「リツイート」機能では，その強い拡散力を生かして，企業の広報やタレントの情報発信などに広く使われている。

chapter

**1**

2-1

さまざまなWebサービス

*24「5 ちゃんねる（旧 2 ちゃんねる）」は現在でも，日本の代表的な掲示板サイトである。

*25 対象ユーザを絞り込むことで，より効率的に広告を出稿する手法である。さらに，一度広告ページを訪れたユーザに対して，再度広告を表示する手法をリターゲティング（行動ターゲティング）とよんでいる。

Webサイトにはさまざまな種類があり、それぞれのコンセプトに応じたWebサイト構造、ページデザイン、ナビゲーションなどが施されている。

## [1] メディア系サイト

新聞社や出版社、ネットメディア企業などが自社の記事を発信するのが**メディア系サイト**である（図1.12）。メディアの形態により記事の更新頻度は変わるが、ユーザの興味を惹きつけるためトップページではおもに最新の記事や特集などの注目記事で編集し、タイトルや本文などの読みやすさに配慮してデザインされている。また、記事の種類を分ける目的でカテゴリとよばれるコンテンツメニューが設置されており、関連記事への導線などに気配りが行われている。コンテンツメニューには、それぞれに関連するほかのページへアクセスするための起点となるインデックスページが用意されている。また、大きなカテゴリ分けだけでなく、タグとよばれるキーワードを記事ごとに振ることで、それぞれがインデックスページとして機能することもある。

メディア系サイトのおもな収益は広告であるため、Webサイト内にバナー[26]広告や動画広告を配置するための広告領域が設けられていることが多い。

■図1.12―――メディア系サイトの例「MdN」
（提供：株式会社エムディエヌコーポレーション https://www.mdn.co.jp/）

## [2] ECサイト

**ECサイト**のECとは、電子商取引（EC：Electronic Commerce）を指している。電子商取引とは、インターネット上で契約や決済などを行う取引のことであり、ECサイトは電子商取引が可能なWebサイトである（図1.13）。単にネットショップやオンラインショップとよばれることもある。

ECサイトは、取り扱う商品と顧客の種別により、企業間取引（B to B：Business to Business）、企業と消費者間取引（B to C：Business to Consumer）、消費者間取引（C to C：Consumer to Consumer）の3タイプに分類される。

ECサイトの構築には、商品マスタとよばれる商品管理データベースを中心として、ユーザ管理データベース、決済機能、出荷管理、コールセンタ

*26 旗印を意味したものであり、Webサイト内では画像として配置されていることが多い。おもに広告用途においてのサービス紹介や商品ページへのリンクに用いられている。

など多くの機能と組織が関わることになる。また，ユーザの購入履歴や閲覧履歴から関連する商品の提案やユーザ評価の掲載など収益を伸ばすしくみが組み込まれている。

ECサイトは，その規模により構築手法が変わる。開発に数千万円を要するEC専用システムから，個人が手軽に始められるネットサービスまで選択肢は幅が広いため，どのようなビジネスをするのかを吟味してから着手する必要がある。

■図1.13————ECサイトの例「楽天市場」トップページ
（提供：楽天グループ株式会社 https://www.rakuten.co.jp/）

## [3] コーポレートサイト（企業サイト）

**コーポレートサイト**（企業サイト）とは，企業が主体となり，その企業の情報（企業理念，会社概要，採用情報など）を扱うWebサイトのことである。企業によっては取り扱う製品やサービスを別のサイトで展開していることもあり，あえて区別をするためにコーポレートサイトとよばれている（図1.14）。コーポレートサイトの目的は，その企業がステークホルダ（利害関係者）と定義しているユーザに向けて情報発信をすることである。ステークホルダとしては，「顧客（消費者）」，「従業員」，関連する「協力企業」，新卒・中途採用などの「雇用対象者」，事業所の「周辺地域」，その企業が株式公開をしている場合には「株主」などが対象とされている。

コーポレートサイトを制作する際には，企業内のさまざまな部署の要望を抽出し設計する必要がある。また，ある程度歴史がある企業の場合は，その成り立ちや年表をつくるなど企業ブランドに寄与するコンテンツを企

■図1.14————コーポレートサイトの例
「キヤノンマーケティングジャパングループ企業情報」Webサイトトップページ
（提供：キヤノンマーケティングジャパン株式会社 https://canon.jp/corporate/profile/）

画制作することもある。

コーポレートサイトに掲載するおもなコンテンツの例を以下に示す。

■コーポレートサイトに掲載するコンテンツの例
・企業情報（経営ビジョン，事業概要，所在地，組織図など）
・広報情報（ニュースリリースなど）
・IR情報（株主向け業績発表）
・商品・サービス情報
・CSR情報（持続可能な社会への取り組みなど）
・採用情報（雇用者向け情報）
・各種問合せとサポート情報

## [4] 商品サイト（キャンペーンサイト）

商品の宣伝を目的に設けられるのが**商品サイト**である（図1.15）。化粧品や宝石などの高額な商品の場合は，そのブランドイメージを訴求するために写真や画像を多用し，そのブランドがもつ世界観を表現することもある。また，新商品の宣伝や新作映画の公開，大規模なスポーツ大会など一時的に設けられるサイトは**キャンペーンサイト**とよばれる。コーポレートサイト内に特設されることもあれば，独立したサイトとして開設されることもある。

スマートフォンが普及した近年では，販促目的でバナー広告やリスティング広告と連動してつくられる**ランディングページ**[*27]とよばれる単一の商品訴求ページがある。商品の購入，または会員サービスの入会など，その目的を達成（**コンバージョン**）するために，商品イメージとキャッチコピー，商品の特徴やメリット，利用者の感想などの訴求コンテンツが1ページ内にレイアウトされており，その合間に購入・入会などのボタンが設置される。階層をもたずにコンバージョンのためのボタン以外にはリンクしないのが定石となっている。

■図1.15───商品サイトの例「EOS R3」商品紹介サイト
〔提供：キヤノンマーケティングジャパン株式会社
https://cweb.canon.jp/eos/your-eos/product/eosr3/〕

*27 制作現場では単にLP（Landing Page）やランペとよばれることもある。また，ランディングページはWebサイト内において，検索サイトなどを経由したユーザが最初に訪れるページとして用いられる場合もある。

## [5] 店舗サイト

　ここで定義する**店舗サイト**とは，ネットショップではなく実際に店舗をもつ事業のWebサイトである（図1.16）。店舗サイトの最大の目的は，店舗に訪れてもらうことである。まずはユーザに対してどのような商品を提供しているのかを提示しなくてはならない。飲食店ならメニュー，美容室などのサービスの場合は，その内容と価格などである。また，ユーザに来店してもらうために，最寄り駅からの地図（「Google マップ」のリンクなど）や営業時間，問合せ先となる電話番号やメールアドレス（問合せフォーム）がすぐにわかるように設計する必要がある。このような業態のサービスには，飲食なら「食べログ」，美容室なら「ホットペッパービューティー」といったポータルサイトが存在している。これらの活用と合わせて，Webサイトの設計を考えることになる。

■図1.16―――店舗サイトの例「HAGISO」
（提供：株式会社HAGI STUDIO https://hagiso.jp/）

## [6] 個人のWebサイト

　作家やアーティスト，カメラマンなどの専門業種の人々は個人でWebサイトを開設する場合があるが（図1.17），Webサイト制作には費用がかかることも多い。また，作家やアーティスト本人にWebサイト制作のスキルがない場合には，更新作業の効率化などを考慮し，「WordPress」などのCMS[*28]（Contents Management System）を導入することもある。「WordPress」などのCMSには，あらかじめ用途に応じて用意されたテーマとよばれるテンプレートが存在しており，これらを活用（カスタマイズ）してオリジナルのWebサイトを構築することも可能である。

　このように，個人が簡単にWebサイトを構築，更新や管理ができるものも複数存在するため，活用することを検討してもよいだろう。

■図1.17―――個人のWebサイトの例「みやうち まい」
（©Mai Miyauchi https://teyanday.com/ ）

*28 個々のコンテンツをデータベースなどで管理し，必要に応じてそれらのコンテンツを組み合わせてWebページを生成するシステムの総称をCMSとよぶ。多くのCMSはWebサーバ上で稼働するWebアプリケーションのかたちで実現されている。代表的なCMSに「WordPress」，「Movable Type」などがある。このようなCMSは個人の使用に限らず，企業でも多く利用されている。

# 1-3
# Webサイトの制作フロー

Webサイトの制作においては，そのWebサイトに掲載する情報の分類や整理から始まり，コピー(見出しやキャッチ，コンテンツの原稿)の執筆や編集，グラフィックス(静止画像)，動画像や音などの素材の制作や編集，HTMLによるWebページの記述，スクリプト言語やプログラム言語による動的なWebページ表現など，多くの知識や技術が必要になる。しかし，これらを制作するためには，何よりもまず事前の計画(プランニング)が重要となる。ここでは，Webサイトの制作に必要なフローの全体像を解説する。

＊29 コンセプトメイキングについては，2-1を参照のこと。

＊30 ユーザ体験については，5-1-2を参照のこと。

＊31 ターゲットユーザがその目的を果たすための，情報収集の流れを指す。

＊32 情報の収集・分類・組織化については，2-2を参照のこと。

＊33 情報の構造化については，2-3を参照のこと。

＊34 ツリー構造型，リニア構造型，ハイパーテキスト型，ファセット構造型については，2-3-1を参照のこと。

＊35 最終的な制作物の視覚面での合意を得るために，HTML制作に入る前の段階で作成するビジュアルサンプルのこと。ターゲットユーザと同じデバイスや環境を用いて，ページの遷移や実際の画面での視認性などを確認する。

## 1-3-1　Webサイト構築の流れ

Webサイトの制作においては多くの要素が複雑に関係してくるため，しっかりとした計画のもとでそれぞれの作業を順序立てて行っていく必要があるが，現実には必ずしも順序どおりに作業を進められないことも多い。図1.18にWebサイトの基本的な制作フローを示す。

Webサイトはつくって終わりではなく，そこに掲載されている情報が必要なユーザに利用され続けることが重要視されるメディアである。そのため，大規模なECサイトでも個人が制作するWebサイトでも同様に，まずはじめにWebサイトを制作する目的と，誰がどのように利用するものかを検討する必要がある。

**コンセプトメイキング**[29]では，顧客の行動(カスタマージャーニー)を調査して**ユーザ体験**(UX：User Experience)[30]を明示化し，作成するWebサイトのターゲットユーザを詳細に定め，そのユーザにとってWebサイトがどのような役割を果たすのか，また，そのために必要な要素や**ユーザフロー**[31]はどういうものかを定義する。つぎに，それらの要件に基づいて提供するべき**情報の収集・分類・組織化**[32]を行い，この情報を構造化していく。

**情報の構造化**[33]では，Webサイトにおける情報の展開，提示方法を決め，情報の特性によってツリー構造型，リニア構造型，ハイパーテキスト型，ファセット構造型[34]への構造化を検討し，これらの前提や情報をもとにWebサイトの設計を行う。Webサイトの設計ではまず，Webサイト全体の構造やページの分類，関係性を設計し，つぎに個別のページのレイアウトや動き，Webサイトに必要となるコンテンツや機能といったものを設計する。このほかにもWebサイトの公開手順や，公開後の運用方法，評価指標といった内容についてもこの段階で設計をしておく必要がある。また，制作に入る前に**モックアップ**[35]を用いて，設計内容の検証を行うこともある。

以上のプロセスを経て設計されたものに基づき，Webサイトの制作を行う。制作では，掲載する情報の編集，素材の制作，HTMLによるWeb

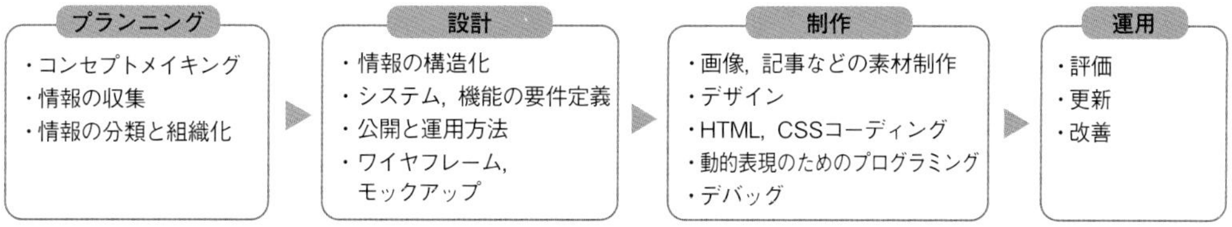

| プランニング | 設計 | 制作 | 運用 |
|---|---|---|---|
| ・コンセプトメイキング<br>・情報の収集<br>・情報の分類と組織化 | ・情報の構造化<br>・システム，機能の要件定義<br>・公開と運用方法<br>・ワイヤフレーム，モックアップ | ・画像，記事などの素材制作<br>・デザイン<br>・HTML，CSSコーディング<br>・動的表現のためのプログラミング<br>・デバッグ | ・評価<br>・更新<br>・改善 |

■図1.18———Webサイトの基本的な制作フロー

ページの記述，CSSを利用したデザインなどの体裁の記述，スクリプト言語やプログラミング言語などによる動的表現の実現などが必要になる。

　完成したWebサイトはWebサーバへアップロード[*36]することによって公開するが，公開前の動作テスト，不具合の修正（デバッグ）[*37]も重要な作業である。

　Webサイトの公開後の運用[*38]では，あらかじめ設計した指標をもとにWebサイトの評価[*39]を行い，定期的なコンテンツの更新，デザインや機能の追加，リニューアルなどを行いながら，ユーザとのコミュニケーションを向上させていく。

## 1-3-2　Webサイト構造の設計図

　多くのWebサイトはツリー構造型とハイパーテキスト型を組み合わせたものであるが，そのWebサイトのゴール[*40]や，扱う情報の分類，情報量によって複雑さや構造が変わる。決まったかたちがあるわけではないため，Webサイトの制作にあたっては，Webサイトの役割やユーザフローをもとに，まず最初にWebサイト全体の構造を考え，設計図を作成することが必要になる。これを**全体設計**とよび，ここでは，必要な情報を分類し，階層構造や関係性を検討して，それらをもとに**ナビゲーション**[*41]を決定する。Webサイト全体の表現の方針や，ほかのWebサイトとのつながりなどもこの段階で検討する。Webサイト上のユーザの動きを明示化するためには**フローチャート**や**画面遷移図**といったものを，構造を俯瞰するためには**サイトストラクチャ**や**サイトマップ**[*42]を利用する（図1.19）。

　これらを定義したあとに**詳細設計**を行う。詳細設計では，各Webページの体裁や情報の内容，デザインや動きなどの表現，機能上のしくみを設計する。ここでは**ワイヤフレーム**を作成し，制作を行うために各ページの細部を精緻化してゆく（図1.20）。

*36 Webサーバへのアップロードについては，5-2-1を参照のこと。

*37 テストと修正については，5-1-1を参照のこと。

*38 運用については，5-3-2を参照のこと。

*39 評価については，5-3-1を参照のこと。

*40 ここでのゴールとはWebサイトを利用するユーザがたとえば，「ECサイトで商品を購入する」といった結果にあたる。ゴールについては，2-1-2を参照のこと。

*41 ナビゲーションについては，3-5を参照のこと。

*42 サイトストラクチャと同義であるが，Webサイトに訪れるユーザがWebサイトの構造を把握することを目的としたページをサイトマップとよぶことが多い（一方，サイトストラクチャは制作時の資料名を示す）。

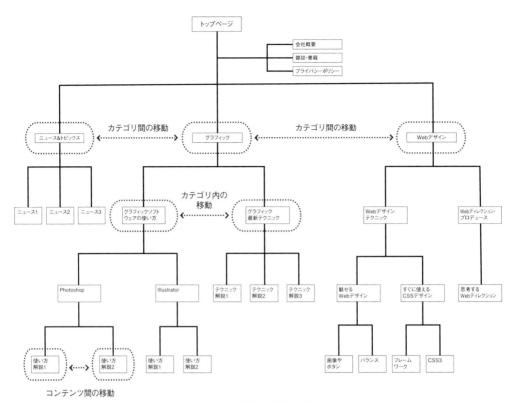

■図1.19————サイトストラクチャによるWebサイト構造の設計図の例

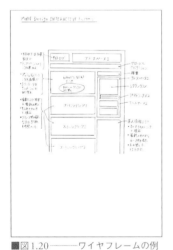 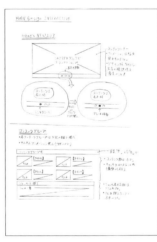 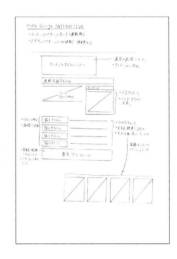

■図1.20————ワイヤフレームの例

## 1-3-3　Webサイト制作のツール

　**アプリケーションソフトウェア**は，OSなどのシステムアプリケーションと連携しながら動作し，ユーザが文書制作，画像編集，Webサイト制作などの目的に応じて個別に動作させることができる。ワードプロセッサや表計算，HTMLエディタ（Webページ制作ソフトウェア），ラスタ形式やベ

クタ形式の画像の制作・編集などを行うためのソフトウェアは，すべてアプリケーションソフトウェアである。

アプリケーションソフトウェアは，さまざまな形態で提供されており，コンピュータやOSなどの購入時から利用できるように同梱されているバンドルソフトウェアや，市販のソフトウェアとして販売されているパッケージソフトウェア，Webサイトからダウンロードすることによって得られる**オンラインソフトウェア**がある。オンラインソフトウェアには，無償で利用できる**フリーソフトウェア**や，有償の**シェアウェア**がある。オンラインソフトウェアは，利用者にとっては「すぐに手に入る」，「パッケージソフトウェアと比較して安い」などのメリットがある。

近年では，通信速度やWebブラウザのテクノロジーの向上により，**Webアプリケーションソフトウェア**が利用されることも多い。WebアプリケーションソフトウェアはWebブラウザを通して利用するため，作業の更新が容易であり，デバイスによる環境依存が少ないというメリットがある。WebアプリケーションソフトウェアをWebページ制作のツールとして用いる際は，制作を行うメンバや環境によって利用するものを変えることが必要になる。そのため，複数のメンバで制作する際には，利用するツールにどのような機能が備わっているか認識を合わせておく必要がある。ここでは，Webサイト制作に利用されることが多いツールを簡単に紹介する。

## [1] 設計時に利用されることが多いソフトウェア

Webサイトの設計段階において，サイトストラクチャやワイヤフレームの制作のために，かつては「Microsoft PowerPoint」や，「Microsoft Excel」が利用されることが多かった。しかし，多数のメンバでの編集のしづらさや，そもそもこれらが設計のためのツールではなく，アプリケーションソフトウェアのバージョンやOSによって，ファイル閲覧時に表示崩れが発生するといった理由から，最近では「Sketch」，「Figma」といったWebアプリケーションソフトウェア，また，設計のために開発された「Adobe XD」といったアプリケーションソフトウェアが利用される機会が増えている（図1.21）。これらのアプリケーションソフトウェアは設計だけでなく，プロトタイピングを行うための機能をもつほか，このアプリケーションソフトウェア単体でWebサイトのデザインを行うことも可能である。また，Webベースのアプリケーションソフトウェアは，クラウド上の1つのファイルを多人数で編集する際に，それぞれの作業を容易に同期することができ，メンバ間での編集や確認が容易であるため，利用頻度が増えている。

＊43 ラスタ形式，ベクタ形式については，3-3-1 を参照のこと。

＊44 より具体的な検証や，ユーザからの意見のフィードバックなどを得るために，実際に稼働したり，完成を想定したモデルを早期に形にする工程のこと。

chapter

1

3-3

Webサイトの制作フロー

■図1.21───代表的なWebサイト設計アプリケーション「Adobe XD」（提供：アドビ株式会社）

## [2] 代表的な画像編集ソフトウェア

Webサイトの設計が完了したあと，デザイン制作を始めることになる。この段階ではWebサイトのデザインだけでなく，利用する画像の編集や，イラストなどの素材を作成することも必要となる。

デザイン制作のためのツールは前述した「Sketch」，「Figma」，「Adobe XD」を引き続き利用して制作することが可能である。このほかにもデザイン制作に利用される代表的なペイント系ソフトウェアとして「Adobe Photoshop」や，ドロー系ソフトウェアとして「Adobe Illustrator」がある[45]（図1.22）。この両者の連携により，画像編集や，グラフィックデザインとしての文字制作など，2次元CGに関するほとんどの処理が行える。

ペイント系ソフトウェアは，「GIMP」などのフリーソフトウェアとしても提供されているほか，Webページ制作やハガキ制作のためのアプリケーションソフトウェアには，あらかじめ画像編集のための機能が装備されていたりする。また，ほとんどのワードプロセッサやプレゼンテーションソフトウェアには，ドロー系ソフトウェアの機能が装備されている。

*45 おもにラスタ形式の画像を専門に扱うソフトウェアをペイント系ソフトウェア，ベクタ形式の画像を専門に扱うソフトウェアをドロー系ソフトウェアとよぶ。

[a]「Adobe Photoshop」　　　　　　　　　　　　　　[b]「Adobe Illustrator」

■図1.22───代表的な画像編集ソフトウェア（提供：アドビ株式会社）

## [3] 代表的なWebページ制作ソフトウェア

　Webページ制作ソフトウェアでは，タグの記述を意識することなく，GUI環境によって，ほとんどの作業をドラッグ＆ドロップ操作で行いながらWebページを制作できる。

　代表的なものには，一般ユーザに向けた「ホームページ・ビルダー」や，プロフェッショナルに向けた「Adobe Dreamweaver」などがあり，各種スクリプト言語やCSSなどに連携する機能を有している（図1.23）。しかし制作現場では，このようなソフトウェアを利用するよりも，HTMLエディタを利用してソースコードを直接記述することのほうが多い（図1.24）。これはデザイナーが意図をもって制作したデザインを再現するために，細部にわたって調整する必要があることや，スクリプト言語やCSSなどと連携するためには，ソフトウェアで自動生成されたコードよりも，整理されたコードを記述したほうがメンテナンス性も向上することなどがおもな理由である。そのため，HTMLを記述するエンジニアは，自分にとって最適な制作環境を独自で用意していることが多い。

*46 GUI（Graphical User Interface）とは，グラフィックスを多用した表示を用いて，マウスなどのポインティングデバイスによる操作を基本とするユーザインタフェースのこと。

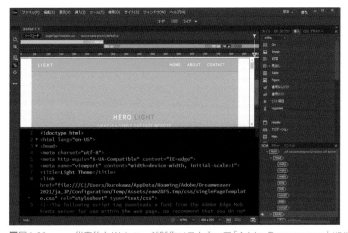

■図1.23───代表的なWebページ制作ソフトウェア「Adobe Dreamweaver」（提供：アドビ株式会社）

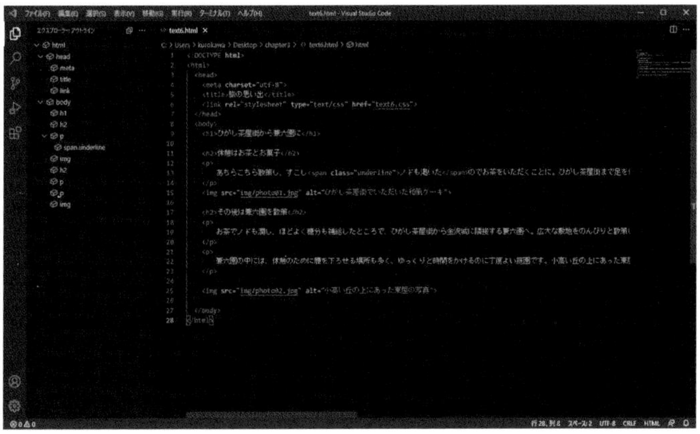

■図1.24───HTMLエディタ「Visual Studio Code」
（提供：日本マイクロソフト株式会社 ※マイクロソフトが提供する Visual Studio Code）

## 1-**3**-**4**　外部サービスとの連携

　全体設計や詳細設計を行うことで，Webサイトに必要な機能やコンテンツのイメージが見えてくる。しかし，それらをすべて初めから自分で開発する必要はない。たとえば，問合せフォームやWebサイト内を対象にした全文検索，ECやメンバログイン機能は，それぞれの機能開発を得意とする企業が提供する**アプリケーション・プログラミング・インタフェース**（**API**：Application Programming Interface）を介して利用することができる。また，「Facebook」や「Twitter」，「Instagram」といったSNSは，Webサイトでその情報を展開するためのHTMLタグの提供やガイドラインによる利用ルールがあらかじめ決められている。このほかにも，Webサイトへのアクセス状況を把握するための「Google アナリティクス」のように，Webサイトの運用を効率化するためのサービスも存在する。

　より効率的なWebサイトの制作と運用を目指すためには，このような外部のサービスとの連携を検討することも有効である。

Webサイトの制作フロー

chapter

# 2

コンセプトと情報設計

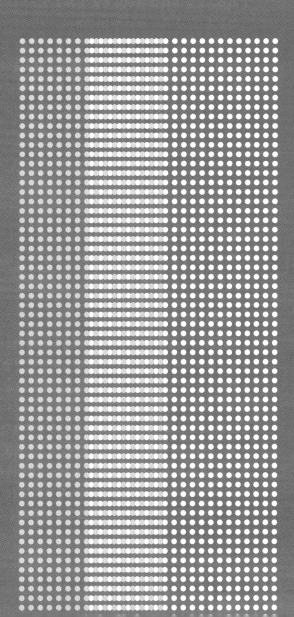

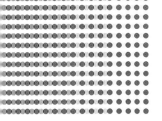

# 2-1
# コンセプトメイキング

Webサイトはさまざまな工程を経て制作されるが，最初に行われる作業がコンセプトメイキングである。同時にこれは，Webサイト制作において最も重要な作業の1つでもある。ここでは，コンセプトメイキングの手法について解説する。

## 2-1-1　コンセプトとは

　Webサイトを制作するうえで，最も重視されるものの1つが**コンセプト**である。まずは具体例から考えてみよう。

　たとえば，とある商社が10代から20代の男女向けに衣服やアクセサリを販売するECサイトを運営しているとする。このとき，その商社にとっての目的は，そのECサイトでより多くの売上を上げることである。また，そのためには，そのECサイトは若い男女に好感をもたれるようなデザインになっていなければならないし，扱う商品やコンテンツも同様である。こうした基本的な考え方がコンセプトである。

## 2-1-2　コンセプトの考え方

　制作に必要な要件や前提を検討し，明らかにしていく作業を**コンセプトメイキング**とよぶ。コンセプトメイキングでは，おもにつぎのような項目を設定する。

### ①目的（何のために）

　Webサイトを構築する以上，何らかの**目的**があるはずである。これはコンセプトメイキングにおいて最初に考えるべきことであり，最も重要なことである。また，目的は可能な限り明確に設定しなくてはならない。前述の例でいえば，より多くの売上を上げることが目的であるため，「毎月の売上金額」というように，明確に設定しなくてはならない。

　また，既存のWebサイトにおいても，公開後の時間の経過とともにさまざまな課題が生まれるため，それらの解決のためにWebサイトのリニューアル[*1]を行うこともある。こういった場合には現状サイトの課題を調査し，これらを解決して改善することが目的となることもある。

*1 リニューアルについては，5-3-2を参照のこと。

## ②ターゲット（誰が）

　そのWebサイトは誰を対象としたものなのか。それが**ターゲット**である。ターゲットは不必要に広く設定しないほうがよい場合が多い。前述の例でいえば，「10代から20代の男女」がターゲットであるが，これを30代，40代まで含めてしまうと，扱う商品が散漫になり，どのユーザから見ても魅力のないWebサイトになってしまう危険性がある。

## ③ゴール（どうなる）

　ターゲットに最終的にこのWebサイトで何をしてもらい，その結果としてどうなるのかという**ゴール**を定めることも重要である。たとえば目的が「毎月の売上金額の向上」，ターゲットが「10代から20代の男女」だとすると，このWebサイトで求められるゴールは，「Webサイトでの購入」となるであろう。しかし，このWebサイトがECサイトではなく，小規模な商品の紹介サイトや別媒体からの流入を目的としたランディングページであった場合，目的を達成するためにはどのようなゴールを設計するべきであろうか。この場合は実際に存在する店舗への誘導かもしれないし，別に存在するECサイトへの遷移となるかもしれない。これらを考えるために，ユーザのWebサイト内での行動を明示化してより効果の高い結果を検討する必要があり，前述の目的と後述の内容や手段とを関連付けるものがゴールとなる。

## ④内容（何を）

　目的を達成するために，そのWebサイトで何を提供するのか。これが**内容**である。前述の例でいえば，「10代から20代の男女向けの衣服とアクセサリ」が内容にあたる。

## ⑤手段（どのように）

　目的をどのように達成するか，ということが**手段**である。前述の例でいえば，「買い物をより便利に行えるような機能」や，「ターゲットに好感をもたれるようなデザイン」，「より商品の価値が伝わる文章」といったものがこれにあたる。

## ⑥予算（いくらで）

　Webサイトを制作するために，いくらお金を使えるか。これが**予算**である。予算は，目的を達成した場合に得られるメリットに見合っているかどうかを基準に設定する。

## ⑦スケジュール（いつまでに）

　Webサイトをいつ公開するのか，そのために各フローをいつまでに実施するべきなのか。このようなことを考え，明示化するのが**スケジュール**である。Webサイトが公開されるまでには，多くのプロセスや検討事項が

あり，すべてをこなすには時間がかかる。とくにデザインやコンテンツには答えがないために結論を出せず，延々と議論が繰り返されることもある。このような事態を避けるためにも，現実的な公開日を設定しておく。

## 2-1-**3**　コンセプトの重要性

　コンセプトはWebサイト制作において，最も重視されているものの1つであると述べたが，その理由は何であろうか。コンセプトを決めていなかったら，あるいは間違えていたら何が起こるかを想像すると理解しやすい。前述のECサイトの例で考えてみよう。

　目的が決まっていなければ，そもそも何をしてよいのか考えることができないし，目的とする売上金額が決まっていなければ，制作にどれほどの予算をかけてよいか正確に決めることができない。目的として設定した売上金額ではまかなえないほどの大金を予算として使ってしまえば，この商社は赤字になってしまうだろう。あるいは，ターゲットが決まっていなければ，何を売ればよいのか，どのようなデザインにすればよいのか，考えることができない。仮にターゲットを10代から20代の男女と定めていたとしても，そのコンセプトがWebサイトに反映されず，デザインが小さな子ども向けのような幼い印象のもの，あるいは高齢者向けのような渋い印象のものであるとしたら，ターゲットは買い物をしてくれるであろうか。目的やターゲットが決まっていたとしても，このWebサイトのゴールが定まっていなければターゲットに何を，どのように見せるのかといった具体的な施策を決めることはできない。

　また，Webサイトはたくさんのコンテンツをもち，制作に必要なスキルが多方面にわたる。そのため，制作にはたくさんのスタッフが関わることが多い。このとき，コンセプトが明確に定められていなければ，制作に参加しているメンバごとに，あるいはコンテンツごとに，デザインやターゲットが異なるものになってしまう危険性がある。つまり，コンテンツやデザインが統一されたWebサイトを制作するためにも，コンセプトを明示化することは重要なのである。

# 2-2
# 情報の収集・分類・組織化

制作するWebサイトのコンセプトが決定したら，Webサイトのターゲットやゴールに基づき，必要な情報の掲載を検討する。しかし，膨大な情報を整理せずに，ただ掲載するだけでは使いやすいWebサイトにはならず，たとえそこにユーザにとって価値ある情報が掲載されていたとしても，調べることを諦めて離脱してしまうかもしれない。そのため，最終的なコンテンツの作成のためには，ターゲットとなるユーザとコンセプトに基づいた情報の収集・分類・組織化が必要となる。ここでは，これらの手法について解説する。

## 2-2-1　情報の収集

　たとえば，ロック音楽をテーマにしたWebサイトを制作する企画があったとする。コンセプトは，1980年代以降のロックミュージシャンをさまざまなロックのジャンルにわたって網羅的に取り上げ，ほかの音楽好きな人たちに閲覧してもらうこととする。

　しかし，自分の知識の範囲内だけで書けることには限界があるため，前述のコンセプトに沿って，さまざまな情報を集めることが必要になる。これを**情報の収集**とよぶ。情報の収集方法には，たとえば以下のようなものがある。

### ①資料収集

　Webサイトや書籍，雑誌，新聞など，資料となり得るものは大量にある。テーマによっては行政白書，各種マーケティングデータ，カタログやパンフレット，テレビ番組なども資料となり得る[*2]。ただし，資料の内容には，その制作者の視点が含まれていたり，場合によっては誤りが含まれている可能性もある。決して資料を鵜呑みにせず，自分なりの視点でも考え，関係する資料を比較したりするなど各資料の正確さを検証する姿勢も重要である。

### ②調査・取材・観察・フィールドワーク

　Webサイト制作において，資料収集やその検証は，とても大切であるが，新しい視点や事実を発見するためには，実際に現場に出向き，自分自身で調査，体験することも必要である[*3]。

### ③アイデア・思考過程の記録

　さまざまなアイデアや会議の企画書，記録なども，情報ととらえるべきである。これらは最終成果物の必然性を示す根拠であり，制作者自身が途

*2　これらの資料の内容をそのままWebサイトに掲載することは，著作権の侵害であり犯罪行為として処罰の対象となることもある。資料はあくまでも資料として，参考にする程度に留めるよう心がけるべきである。資料の利用方法によっては，「引用」として許されることがある。著作権については，appendixを参照のこと。

*3　目的を明確にしたうえで定点観測やインタビューを行うことで，説得力のある具体的な情報を得ることができる。

中で迷ったときなどにプロセスを振り返る材料にもなる。

### ④ワークショップの実施

　Webサイトの制作では，コンセプトメイキングや設計といった段階において制作者だけではなく，そのWebサイトに関わるさまざまな関係者の視点が必要になることがある。より深い検討や潜在的な課題の把握といったものを知るためには，Webサイトの発注者，制作者などの関係者を集めて**ワークショップ**を実施することが効果的である。[*4]

## 2-2-2　情報の分類と組織化

　前述の例でいえば，さまざまなミュージシャンの情報を集めただけではコンテンツは作成できない。まず，これらの情報を，たとえばミュージシャン別や年代別などのルールに従って分類する必要がある。このように情報を分類すると，それらを「ジャンル別ミュージシャン情報」や，「年代別ミュージシャン一覧」などにまとめることができると気づくであろう。

　このように，一定のルールに従って情報を整理することを**情報の分類**とよび，分類した情報を使用する目的に従って並べ替えたり，関連付けてまとめたりすることを**情報の組織化**とよぶ。情報の分類と組織化の手法はさまざまであるが，一般的な手法の例として以下のものがある。

### ①位置による分類と組織化

　物理的または概念的な**位置**によって分類する手法である。前述の例でいえば，各ミュージシャンを出身国別で分類し，「出身国別ミュージシャン一覧」というかたちに組織化できる。[*5]

### ②50音順（アルファベット順）による分類と組織化

　それぞれの情報にラベル（名前）を付け，**50音順**や**アルファベット順**に分類する手法である。前述の例でいえば，各ミュージシャンを名前で分類し，それを「50音順ミュージシャン一覧」というかたちに組織化できる。[*6]

### ③時間による分類と組織化

　日付や**時間**などをともなう情報に基づいて分類する手法である。前述の例でいえば，各ミュージシャンがデビューした年を，1980年代，1990年代，2000年代などで分類し，「年代別ミュージシャン情報」などに組織化できる。[*7]

### ④カテゴリによる分類と組織化

　情報がもつ属性を**カテゴリ名**として分類する手法である。前述の例でいえば，各ミュージシャンをパンクロックやハードロック，プログレッシブ

*4　ワークショップとは，複数人で意見や考えを述べ合ったり，描いたりするなどして，情報を共有，議論する場のこと。個人の考え方に依らないさまざまな観点やアイデアを導き出すのに有効な手段である。

*5　戦国武将を国別で分類する，テーマパークのアトラクションをエリア別に分類して一覧で見せる，などの例も考えられる。

*6　曲名の分類を行ったり，技術系のWebサイトなどで技術名や定理名などを分類することなども考えられる。

*7　ヒット曲を年代別や，発売日順に並べるなどの例も考えられる。また，ブログにおける各月記事のまとめなどもこれに該当する。

ロックなど，ロックのジャンルによって分類し，「ジャンル別ミュージシャン一覧」というかたちに組織化できる。[*8]

### ⑤連続量による分類と組織化

重さや大きさなど，連続する量の比較によって分類する手法である。前述の例でいえば，各ミュージシャンの楽曲のダウンロード数などを**連続量**で分類し，多い順に並べた「歴代売上チャート」などに組織化できる。[*9]

このように情報の組織化にはさまざまな手法があるが，どの手法を利用するのが効果的であるかは対象のWebサイトのターゲットやゴールによるところが大きい。また，複数の分類方法で情報が閲覧できることが好ましい場合もある。

たとえば，前述のような1980年代以降のミュージシャンをさまざまなジャンルにわたって網羅的に取り上げたロックをテーマにしたWebサイトの場合，特定のジャンルを深く知りたいと考えるユーザにとっては，ジャンル別の分類が必要になる。80年代のハードロックだけを網羅的に知りたいと思うユーザも存在するし，これらをかけ合わせて，80年代のロックのジャンル全般について知りたいというユーザも存在するであろう。

この例のように，膨大な情報がWebサイトのコンセプトやユーザのゴールと結び付く場合には，複数の情報分類を検討しておき，これらの表示方法を切り替えたり，かけ合わせたりするための機能を実装するといった工夫が必要になる。

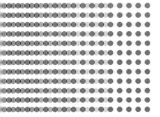

# 2-3
# 情報の構造化

情報の構造化とは，分類し組織化した情報をWebサイト構造にあてはめていくことである。ここでは，基本的な情報の構造化の種類とおもな役割について解説する。

## 2-3-1　情報の構造化

　**情報の構造化**とは，分類，組織化した情報をWebサイト構造にあてはめていくことである。基本的な情報の構造化の種類には，ツリー構造型，リニア構造型，ハイパーテキスト型，ファセット構造型などがある。Webサイトの構造を考える際は，ユーザが求める情報に迷うことなくアクセスしてもらうために，これらの基本的な構造を組み合わせるのが一般的である。なお，Webサイトの構造を決める際には，これをフローチャートなどによって視覚化しておくとよい。

### ［1］ツリー構造型

　**ツリー構造型**とは，木の枝がつぎつぎと分かれていくようにトップページを起点として，大きな分類の階層から，さらに詳細な分類に情報を階層化した構造である（図2.1）。最も一般的な構造で，企業サイトやポータルサイトなどでよく使われている。前述の2-2を例にすると，まずミュージシャンを国別で分類し，各国のミュージシャンをさらにジャンル，年代と分類すると，「イギリス＞ハードロック＞1980年代」のようなかたちとなる。ユーザが現在地を把握しやすいというメリットがある反面，ユーザの利用文脈に沿って階層化しないと使いにくくなる場合があるため注意が必要である。

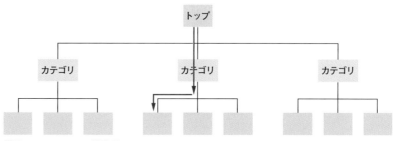

■図2.1―――ツリー構造型

## [2] リニア構造型

**リニア構造型**とは，手順や時間順，位置関係，ストーリーなどのように，順を追って情報を提示する場合に適した構造である。それぞれの情報は相互に前後関係のみで関連付けられているため，情報間の関連性を把握しやすいという特徴をもっている（図2.2）。

たとえば，ECサイトにおいて決済を行う際に，「商品・数量の確認」→「お届け先の入力」→「支払い方法の入力」→「決済の実行」というかたちでWebページが推移していくのは，手順による構造化の例である。リニア構造型が利用される決済や会員登録などの場面では，どこまで進めば終わるのかがわからないことがストレスになり，途中で離脱してしまうことも考えられる。そのため，全体のステップがどの程度あり，現在のステップがどこであるかを明示することが重要である。

■図2.2———リニア構造型

## [3] ハイパーテキスト型

**ハイパーテキスト型**とは，相互の情報が順序や分類などのルールにとらわれず，直接的に関連付けられている構造である（図2.3）。たとえば，文書内の用語などに，その解説記事ページへのリンクを張る，といった使われ方であり，「Wikipedia」が代表的なハイパーテキスト型である。前述の2-2の例でいえば，たとえばミュージシャンを紹介している記事のなかで，使用している楽器名などに楽器の解説ページへのリンクを張る，といった使い方が考えられる。ハイパーテキスト型は，順序や分類を意識することなく，自由に情報間を行き来できる反面，構造が一定のルールに従って構成されていないため，全体像や現在地を把握しづらいというデメリットもある。

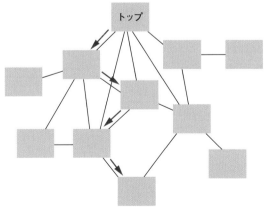

■図2.3———ハイパーテキスト型

## [4] ファセット構造型

ファセットとは切り口という意味で、ある情報がもついろいろな切り口（たとえば価格や発売日、商品カテゴリなど）によって情報を分類する構造が**ファセット構造型**である（図2.4）。ファセット構造型ではページに属性（タグ）を付け、その属性をもとに分類を行う。また、ページには複数の属性を付けられ、検索によりリアルタイムに分類することもできる。この構造は目的が明確なユーザにとっては情報が探しやすいが、目的をもたないユーザには向いていないため、「新着」や「ランキング」などの切り口でコンテンツを提供する必要がある。

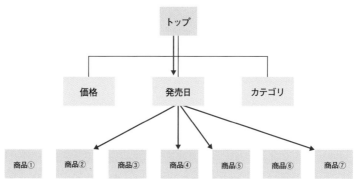

■図2.4―――ファセット構造型
指定した発売日に該当する商品のみをリアルタイムに検索し、分類している例である。

# 2-4
# さまざまな閲覧機器

現在，Webサイトの閲覧にはさまざまな機器が用いられており，制作者はこれらの機器への対応を求められている。ここでは，閲覧機器の現状とそれらへの対応方法について解説する。

## 2-4-1　PCとスマートフォンの違い

　現在，Webサイトの閲覧に用いるおもな機器としてはPCとスマートデバイス（スマートフォンやタブレット）の2種類がある。この2種類の機器は情報処理能力の面で大きな違いはないといってよいが，Webサイトを制作するうえで気にするべき違いが3つある。それは，画面の大きさ，タッチ操作，利用シーンである。

　**画面の大きさ**は，機器の大きさに比例し，一般にはPC＞タブレット＞スマートフォンの順となる。画面の大きさはレイアウトの自由度や1画面あたりに表示できる情報の量に影響するが，閲覧する機器によって取得できる情報に差異が出てはならないことに注意する必要がある。

　スマートデバイスはPCと異なり，画面をタッチして操作することを前提とした機器である。**タッチ操作**では，マウスカーソルではなく，指で触ることを意識した**ユーザインタフェース**（UI：User Interface）[10]や**インタラクション**[11]を設計する必要がある[12]。

　**利用シーン**は，スマートデバイスのほうが選択肢が多い。PCを用いてWebサイトを閲覧する場合は，デスクトップ型であればPCが設置された場所に移動しなければならないし，ノート型にしても置き場所が必要である。一方，スマートデバイスは，回線がつながる場所であれば屋内，屋外を問わずどこでもWebサイトの閲覧が可能であり，休憩中や移動中，就寝前といった空き時間に利用することができる。

　こうした利用シーンの違いは，1日あたりのインターネット利用時間に

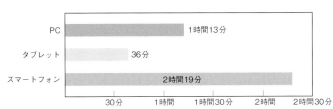

■図2.5────1日あたり（週平均）のメディア総接触時間の比較
2021年12月時点での各種デバイスにおけるインターネット利用時間の比較
（出典：株式会社博報堂DYメディアパートナーズ メディア環境研究所「メディア定点調査2021」）

*10 Webサイトやアプリケーションにおける，操作をするためのナビゲーションやパーツ，また，全体のデザインそのものを指す。

*11 インタラクションについては，3-7を参照のこと。

*12 テキストに設定されたハイパーリンクは指でタップできる領域が狭いため，意図したとおりにタップできない可能性がある。リンクをボタンとして表示したり，タップできる領域を広げるなどの設計が必要となる。

も表れており，スマートデバイス（タブレット＋スマートフォン）はPCに対して2倍以上の利用時間となっている（図2.5）。

## 2-4-**2**　閲覧機器の違いによる表示とその手法

　2021年7月時点において，スマートフォンからのインターネット利用者数がPCからの利用者数を約20%も上回っており，Webサイト閲覧機器としてはスマートフォンでの閲覧を基本にした考え方（**モバイルファースト**）が浸透し始めている（図2.6）。

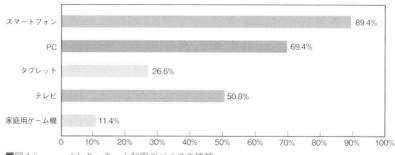

■図2.6───インターネット利用デバイスの種類
2021年7月時点において各種デバイスを用いてインターネットを利用したことがある人の比率（出典：総務省「令和3年版 情報通信白書」）

　PCとスマートフォンという画面の大きさが異なる機器に対して，同じデザイン，レイアウトのWebページを表示させるのは無理がある[*13]。そのため，画面サイズの異なる機器に，同等の情報を提供する手段を講ずる必要がある。現在，これには以下の3つの手法がある。

### [1] レスポンシブウェブデザイン

　**レスポンシブウェブデザイン**とは，Webサイトにアクセスした機器の画面幅（**ビューポート**）に応じて要素の配置や大きさの変更などのレイアウトを切り替える手法である（図2.7）。このレイアウトを切り替える分岐点をブレイクポイントとよび，1つのWebサイトで複数のブレイクポイントをもつこともできる。画面幅は，JavaScriptをはじめとしたプログラムやメディアクエリ[*14]という技術を使用して取得することができる。

　レスポンシブウェブデザインは，機器を問わず共通のHTMLを表示してCSSによってレイアウトを切り替える手法であるが（図2.8），後述する機器ごとにHTMLファイルを用意するダイナミックサービングや専用サイトという手法も存在する。

　レスポンシブウェブデザインは，HTMLファイルやCSSファイルなどのデータを1セットだけつくればよいため，修正が発生した際にPC，スマートフォンのそれぞれに修正を施す必要があるダイナミックサービングや専用サイトと比較して，運用の手間を減らすことができる。ただし，すべての機器で共通のHTMLファイルを使用するため，ダイナミックサー

*13 PC向けのレイアウトをスマートフォンに表示させた場合，表示は可能であるが文字が著しく小さくなるなど，可読性に問題が生じることがある。また，スマートフォンのWebブラウザでは，レイアウトが崩れてしまい，情報の順番などが制作者の意図と異なる表示になる場合がある。

*14 コンテンツを表示する閲覧機器（メディアタイプ）の画面サイズや，特性などの条件に合わせたCSSを適用させるためのモジュール。詳細は，4-3-11［5］を参照のこと。

ビングや専用サイトで行うような機器ごとにデザインを個別に最適化する方法は実現しにくくなる。レスポンシブウェブデザインでは，どの機器で閲覧しても，同じ情報を提供するという考え方が必要となる。

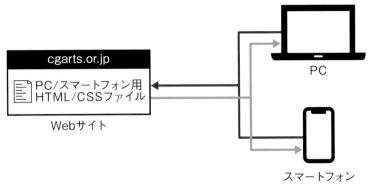

■図2.7――――レスポンシブウェブデザイン
PC，スマートフォンのどちらも共通のURL，共通のHTMLファイルやCSSファイルを用いる。画面の大きさへの対応は，閲覧機器の画面幅に応じてレイアウトをCSSで切り替える。

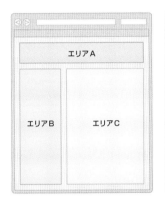

[a] PCなどビューポートが広い場合　　[b] スマートフォンなどビューポートが狭い場合
■図2.8――――ビューポートの幅を基準とした表示の変更
PCなどビューポートが広い機器では[a]のような表示を行うが，スマートフォンなどビューポートが狭い機器では[b]のような表示を行う。また，PCではエリアAが表示されるが，スマートフォンではエリアAは最上部に集約され，代わりにエリアDが表示されるなど，ビューポートの幅によって表示する内容も変化させる場合がある。

### [2] ダイナミックサービング

　**ダイナミックサービング**とは，Webサイトにアクセスした機器の種類をサーバ側で判別し，それぞれの機器に合ったHTMLファイルやCSSファイルを配信する手法である（図2.9）。HTMLファイルとCSSファイルは事前に用意しておいたものをそのまま配信する場合も多いが，ダイナミックサービングに対応したCMSを用いることもできる。その場合は，PCとスマートフォン共通で使用するコンテンツをデータとして保持し，機器に応じたテンプレートと組み合わせて表示させる。

　この手法には，後述する専用サイトとほとんど同様の利点と欠点があるが，URLは1つであるため，異なる機器向けのURLに誤ってアクセスするという問題は発生しない。また，ダイナミックサービングに対応したCMSを用いることで，制作やメンテナンスの工数をある程度減らすことができる。

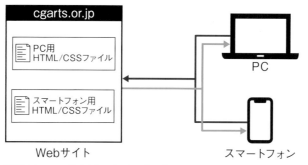

■図2.9―――ダイナミックサービング
PC，スマートフォンのどちらも共通のURLにアクセスするが，サーバ側で機器の種類を判別し，専用のHTMLファイルやCSSファイルを配信する。

## [3] 専用サイト

**専用サイト**とは，PC用とスマートフォン用に別々のWebサイトを用意しておき，それぞれの機器に合ったURLにアクセスしてもらう手法である（図2.10）。たとえば，PC用は「www.cgarts.or.jp」，スマートフォン用は「sp.cgarts.or.jp」とし，それぞれの機器に合ったHTMLファイルやCSSファイル，画像などを用意しておく。これはスマートフォンが登場する以前の携帯電話用Webサイトを運用する際によく用いられた手法であり，レスポンシブウェブデザインが主流になった現在ではあまり見られなくなっている。

この手法では，対象となる機器に個別最適化したHTMLファイルやCSSファイルを記述できるため，それぞれの機器に合わせてデザインやユーザインタフェースをつくり込むことができるという利点がある。

一方で，対応させる機器の種類のHTMLファイルやCSSファイルのセットを用意しなくてはならないため，制作やメンテナンスの工数が増えたり，コンテンツの修正時に，ある機器向けのコンテンツだけ修正し忘れるといったトラブルが発生したりしやすい。また，異なる機器向けのURLにアクセスしてしまった場合，文字が小さすぎたり画面が間延びしてしまうなど，非常に見づらい表示になってしまうという欠点もある。

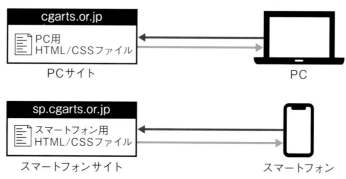

■図2.10―――専用サイト
PCとスマートフォンは，それぞれ専用に用意されたWebサイトにアクセスする。

chapter

3

デザインと表現手法

# 3-1
# 文字

文字はWebサイトにおける情報伝達の基本であり、その読みやすさは
Webサイトの情報発信力に大きな影響を与える。ここでは、文字を扱う
際の基礎的な知識について解説する。

## 3-1-1 書体とフォント

　一定の様式でデザインされた文字の形を**書体（タイプフェイス）**とよび、
その書体によってデザインを統一した文字のセットを**フォント**とよぶ。書
体の種類は膨大な数にのぼり、文書の本文や見出しなどのデザインに常
用される重要なものである。アルファベット、英数字を含む書体を**欧文書
体**とよび、かな、漢字、英数字を含む書体を**和文書体**とよぶ。

　書体を選び、文章として構成する際に考慮すべき3つのポイントとし
て、文章の読みやすさを表す**可読性**、文章が見やすく、確認のしやすさを
表す**視認性**、誤読を招く文章がないかを表す**判読性**に配慮されているこ
とが重要である。

### [1] 欧文書体

　**欧文書体**は、文字の先端にセリフとよばれる装飾があるセリフ体と、セ
リフのないサンセリフ体に分けられる。

　**セリフ体**は、縦線と横線の太さに差があり、メリハリのある形状のため
可読性に優れている（図3.1）。そのため、新聞や書籍などの本文に使用さ
れることが多い。

　**サンセリフ体**は、縦線と横線の太さが一定で、シンプルな形状のため視
認性に優れている（図3.2）。そのため、道路標識などに使用されることが
多い。欧文書体は5本の水平な仮想線でつくられており、書体によって仮

| セリフ体の特徴 | 代表的なセリフ体の書体 |
|---|---|
| セリフ Typeface | Typeface　Garamond（ギャラモン）<br>Typeface　Bodoni（ボドニ）<br>Typeface　American Typewriter（アメリカン・タイプライター） |

① 文字の先端に小さな飾り（セリフ）がある。
② 縦線と横線の太さが異なり強弱がある。
③ 可読性に優れている。

■図3.1―――セリフ体

想線の高さやそれぞれの文字の間隔が個別に設定されている（図3.3）。また，字間[*1]は隣り合う文字によって異なる。

*1　字間については，3-1-4を参照のこと。

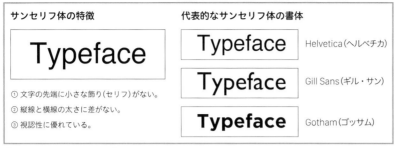

■図3.2―――サンセリフ体

■図3.3―――欧文書体の構造

## ［2］和文書体

　**和文書体**は，文字の先端に飾りが付いたうろこがあり，縦線と横線の太さが異なる**明朝体**（図3.4）と，縦線と横線の太さが一定で，うろこがない**ゴシック体**[*2]（図3.5）に分けられる。明朝体は欧文書体のセリフ体，ゴシック体はサンセリフ体に相当する書体となる。

　和文書体は，**仮想ボディ**とよばれる正方形の枠内につくられる（図3.6）。文字はこの仮想ボディより，ひと回り小さい枠内に収まるようにデザインされ，この枠を**字面**とよぶ。文字サイズが同じであれば仮想ボディの大きさは同じになるが，字面は文字によって異なる。

*2　ゴシック体のフォントの一部には，うろこがあるようなゴシック体も例外的に存在する。

| 明朝体の特徴 | 代表的な明朝体の書体 | |
| --- | --- | --- |
| にほんごの書体 | にほんごの書体 | 游明朝（ゆうみんちょう） |
| ① 文字の先端に小さな飾り（うろこ）がある。 | にほんごの書体 | リュウミン |
| ② 縦線と横線の太さが異なり強弱がある。 | にほんごの書体 | 貂明朝（てんみんちょう） |
| ③ 可読性に優れている。 | | |

■図3.4―――明朝体

| ゴシック体の特徴 | 代表的なゴシック体の書体 |
|---|---|

にほんごの書体

① 文字の先端に小さな飾り(うろこ)がない。
② 縦線と横線の太さに差がない。
③ 視認性に優れている。

| | |
|---|---|
| にほんごの書体 | 游ゴシック |
| にほんごの書体 | ヒラギノ角ゴシック |
| にほんごの書体 | メイリオ |

■図3.5―――――ゴシック体

■図3.6―――――和文書体の構造

## 3-1-2 フォントファミリ

　同じコンセプトであり，文字の太さ(ウェイト：Weight)，文字の幅(ウィドゥス：Width)，イタリック(斜体：Italic)などのバリエーションをもった書体群を，**フォントファミリ**とよぶ。バリエーションの種類は，書体によって異なる(図3.7)。

　Webデザインにおいてフォントファミリ(総称ファミリ名)を指定する際は，CSSのfont-familyプロパティを使用する。[3]

*3　CSSによる総称ファミリ名，font-familyプロパティの詳細は，4-3-5[6]を参照のこと。

### Helvetica Neue
#### (ヘルベチカ・ノイエ)

| Typeface | Typeface | Typeface | Typeface | Typeface | Typeface |
|---|---|---|---|---|---|
| *Typeface* | *Typeface* | *Typeface* | *Typeface* | *Typeface* | *Typeface* |
| **Typeface** | **Typeface** | | | | |

■図3.7―――――フォントファミリの例

## 3-1-3　等幅フォントとプロポーショナルフォント

　フォントには，すべての文字の幅が同じ等幅フォントと，文字ごとに幅が異なるプロポーショナルフォントがある（図3.8）。**等幅フォント**は，文字数の比較がしやすいためプログラムコードなどに適しており，**プロポーショナルフォント**は可読性に優れ，長い文章などに適している。

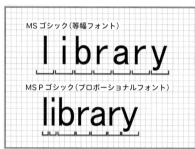

MSゴシック（等幅フォント）

# library

MSPゴシック（プロポーショナルフォント）

# library

**等幅フォントの特徴**
① 文字の幅がすべて同じ。
② 文字数がわかりやすい。
③ プログラムコードに適している。

**プロポーショナルフォントの特徴**
① 文字ごとに幅が異なる。
② 可読性に優れている。
③ 長い文章に適している。

■図3.8―――等幅フォントとプロポーショナルフォント

## 3-1-4　字間と行間

　文書の可読性や視認性に配慮する場合，書体の選択とともに，字間と行間の調整が重要である。このような文章の調整のために行われる一連の作業を**文字組み**とよぶ。文字組みを行う際は，誰がその文章を読むのか，どのように見せたいのかを意識して調整をしなくてはならない。

### [1] 字間の調整

　**字間**とは，文字と文字の間にある隙間のことである。ワープロソフトウェアなどで特別な設定をせずに文章をそのまま作成すると，「っ」，「ょ」などの促音や拗音，「，」の読点や「。」の句点などによって字間が大きく空いているように見えることがあるため，字間を調整する作業を行うことがある。字間の調整には，大きく分けてカーニング（字間調整）とトラッキング（字送り）の2種類がある。[4]

　**カーニング**は，隣り合った2つの文字の間隔を文字の形に応じて個別に調整する作業のことで，**トラッキング**は，文字の中心からつぎの文字の中心までの長さを調整することである（図3.9）。

　Webデザインにおいてもタイトルなど大きな文字を扱う際に字間の調整を行うことがある。CSSのletter-spacingプロパティ[5]を使用しておもにトラッキングを行うが，画像編集ソフトウェアで画像として作成することもある。

\*4　グラフィックデザインでは，タイトルや見出しなどの大きく目立つ文章はカーニングで1文字ずつ調整をし，本文はトラッキングで読みやすく調整をすることが一般的である。

\*5　letter-spacingプロパティの詳細については，4-3-5［4］を参照のこと。

chapter

3

1-3

文字

■図3.9――――字間・字送りと行間・行送り

## [2] 行間の調整

**行間**とは，行と行の間隔のことである。また，行間とは別に，**行送り**[*6]があり，これは1行の文字の大きさと行間の設定のことである。行間が狭すぎたり広すぎたりすると文書を読む際に目で追いづらく，読みやすいとはいえない（図3.10）。読みやすい行間について明確な基準があるわけではないが，日本語の場合，一般には，行間は文字サイズの半分程度の高さを基準にするとよいとされている。これは，行送りでいうと1.5倍程度に相当する（図3.11）。

Webデザインでは，CSSのline-heightプロパティを使用して文章の行間を調節できる。[*7]

> 「ではみなさんは、そういうふうに川だと云われたり、乳の流れたあとだと云われたりしていたこのぼんやりと白いものがほんとうは何かご承知ですか。」先生は、黒板に吊した大きな黒い星座の図の、上から下へ白くけぶった銀河帯のようなところを指しながら、みんなに問をかけました。

■図3.10――――行間が狭すぎる状態

> 「ではみなさんは、そういうふうに川だと云われたり、乳の流れたあとだと云われたりしていたこのぼんやりと白いものがほんとうは何かご承知ですか。」先生は、黒板に吊した大きな黒い星座の図の、上から下へ白くけぶった銀河帯のようなところを指しながら、みんなに問をかけました。

■図3.11――――行間を広くし読みやすくした状態

\*6 行送りの定義はさまざまであり，文字の中心からつぎの行の文字の中心までの長さを指す場合や，仮想ボディ（文字を収める正方形の枠）の上辺からつぎの行の仮想ボディの上辺までの長さを指す場合などがある。

\*7 line-heightプロパティの詳細については，4-3-5[4]を参照のこと。

## 3-1-5　ジャンプ率

　　ジャンプ率とは，本文の文字サイズに対する見出しの文字サイズの比率のことである。ジャンプ率はWebサイトの印象や見やすさなどに影響を与えるため，目的に応じた設定が重要である。Webデザインにおけるジャンプ率の設定において，たとえば，本文と見出しの文字のサイズを1：2のジャンプ率と定めた場合，本文の文字サイズを10pxとすると，見出しの文字サイズは2倍の20pxとなる。

　　一般には，ジャンプ率が高いと躍動的な印象になり（図3.12 [a]），低いと落ち着いた印象になる（同図 [b]）。

[a] ジャンプ率が高い例

[b] ジャンプ率が低い例

■図3.12――――ジャンプ率

# 3-2
## 色

色は視覚情報のなかでも大部分を占める重要な要素である。Webデザインにおいても，レイアウトやパーツが同じものでも色を変えるだけで印象が大きく異なるため，Webサイトの目的や与えたい印象に基づいて色を的確に取り扱うことが重要である。ここでは，色に関する基礎的な知識について解説する。

### 3-2-1　三原色と三属性

色を扱う際には，加法混色や減法混色による色の表現方法，色の属性についての理解が必要である。

#### [1] 加法混色と減法混色

2つ以上の色を混ぜ合わせ，別の色を表現することを混色とよぶ。混色には，加法混色と減法混色の2種類がある。加法混色と減法混色のいずれの場合でも，3つの色からほとんどの色をつくり出すことができ，これを色の三色性とよぶ。混色ではつくることのできない色を**三原色**とよび，ほとんどの色は三原色の混色によってつくられる。

**加法混色**は，光の三原色であるR（赤），G（緑），B（青）を混色することで色が表現される。RGBは各色を0〜255の値で表現することが多く，すべてを255で混色すると白になり，すべてを0で混色すると黒になる（図3.13）。おもにPCのディスプレイモニタの表示や，照明に用いられる混色であるため，Webデザインにおいても，この加法混色を基に色を設計していくことになる。**減法混色**は，色料の三原色であるC（シアン），M（マゼンタ），Y（イエロー）を混色することで色が表現される。CMYは各色を0〜100の値で表現することが多く，各色を混ぜるごとに光が吸収されて暗い色になり，黒に近づく（図3.14）。減法混色は，印刷物やグラフィックデザインで用いられており，実際の印刷機ではCMYにK（黒）を加えたCMYKが用いられることが一般的である。

■図3.13──加法混色

■図3.14──減法混色

## [2] 色相・明度・彩度

　赤，青，緑といったような色味の違いを**色相**とよび，この色相を円環状に並べたものを**色相環**とよぶ。色相環のある色から見て，その反対にある色を**補色**とよび，補色どうしを並べると，お互いの色を引き立て合い，鮮やかに見える。

　色の明るさの度合いを**明度**とよぶ。白に近い色を高明度，黒に近い色を低明度，中間の色を中明度とよぶ。

　色の鮮やかさの度合いを**彩度**とよぶ。彩度は高ければ高いほど色味が鮮やかになり，低くなるにつれて白，黒，グレーに近づいていく。色味をもつ色を有彩色，白，黒，グレーなど色味をもたない色を無彩色とよぶ。これら色相，明度，彩度を**色の三属性**とよぶ（図3.15）。

■図3.15―――色の三属性

## 3-2-2　色が与える印象

　色は，特別な感情や印象と結びつく場合があり，色によって温度や遠近感の印象が異なる場合がある。ここでは，色が与える印象について代表的なものを解説する。

## [1] 暖色

　色相のなかでも赤，橙，黄などの暖かそうな色味を**暖色**とよぶ（図3.16）。火や太陽などをイメージさせ，気持ちを高ぶらせる効果がある。暖色系の色味は，実際の距離よりも近くにあるように見える**進出色**であり，本来の大きさよりも大きく見える**膨張色**でもある。進出色，膨張色の特徴は，高明度，高彩度である。

■図3.16―――暖色系

## [2] 寒色

青緑，青，青紫などの冷たそうな色味を**寒色**とよぶ（図3.17）。水や氷などをイメージさせ，気持ちを落ち着かせる効果がある。寒色系の色味は，実際の距離よりも遠くにあるように見える**後退色**であり，本来の大きさよりも小さく見える**収縮色**でもある。後退色，収縮色の特徴は，低明度，低彩度である。

■図3.17———寒色系

## [3] 中性色

緑や紫など，暖色系と寒色系のどちらにも属さず，温度を感じない色味を**中性色**とよぶ（図3.18）。緑は自然をイメージさせ，紫は神秘的なイメージを与える効果がある。

■図3.18———中性色系

## [4] トーン（色調）

**トーン（色調）**とは，色の濃淡や明暗，強弱といったものを総合した色の見え方や感じ方のことで，明度と彩度の組み合わせによって変化する（図3.19）。たとえば，最も彩度の高い純色から白を加えていくと，明度が高くなるにつれ，彩度が低くなり，やわらかい印象に変わっていく。

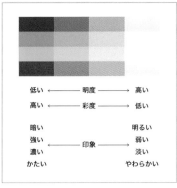

■図3.19———トーン（色調）

## [5] 色が与えるWebサイトの印象

各色がもつ印象によって，Webデザインのおおよその方向性を決めることができる。表3.1に代表的な各色の印象とWebサイトへの応用例を示す。

■表3.1───各色の印象とWebサイトへの応用

| 色 | | おもな印象 | 適したWebサイトの種類 |
|---|---|---|---|
| 赤 | | 情熱，積極的，興奮，危険，怒り | 飲食，ECなど |
| 桃 | | かわいい，優しい，甘い，幼い | 子ども向け，ECなど |
| 紫 | | 高貴，神秘的，和風，不安 | ファッション，占いなど |
| 黄 | | 明るい，希望，幸福，軽率，注意 | 飲食，スポーツなど |
| 橙 | | 暖かい，健康的，楽しい，軽薄 | 飲食，娯楽，子ども向けなど |
| 茶 | | 自然，古典的，堅実，頑固，渋い | アンティーク，コミュニティなど |
| 青 | | 冷静，知的，爽やか，悲しみ | コーポレート，医療など |
| 緑 | | 自然，安らぎ，安全 | アウトドア，コミュニティなど |
| 黄緑 | | 若々しい，新鮮，健康的 | 新生活，美容など |
| 白 | | 清潔，無垢，神聖，無 | 公的機関，医療，ニュースなど |
| 灰 | | 控えめ，穏やか，曖昧 | ニュース，ECなど |
| 黒 | | 高級，洗練，孤独，恐怖 | ファッション，車，美容など |

## 3-2-3 配色

コンセプトメイキングでWebサイトの方向性が決まると，そのコンセプトに応じた配色を前述した色の印象と合わせて考える必要がある。

### [1] ベースカラー・メインカラー・アクセントカラー

2つ以上の色を組み合わせることを**配色**とよぶ。配色には，ベースカラー，メインカラー，アクセントカラーという3つの異なる役割をもつ要素がある。**ベースカラー**は，最も面積を占める色で，背景色などがこれにあたる。**メインカラー**は，デザインの主役となる色で，**アクセントカラー**は，デザインの全体を引き締めたり，目を引いたりする色である。一般にこれらは，ベースカラーを70%，メインカラーを25%，アクセントカラーを5%の比率にするとバランスがよいとされている（図3.20）。なお，Webデザインにおいて色の指定は，CSSで色の名前やカラーコード，RGB値（RGBA値）によって行う。[*8]

*8 CSSによる色の指定方法の詳細については，4-3-5 [1]を参照のこと。

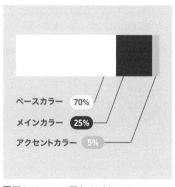

■図3.20───配色のバランス

## [2] 代表的な配色技法

以下に, 代表的な配色技法を示す。

### ①ドミナントカラー配色

■図3.21―――ドミナントカラー配色

同一または類似の色相で統一した配色であり, 全体的にまとまりのある落ち着いた印象を与えることができる (図3.21)。

### ②ドミナントトーン配色

■図3.22―――ドミナントトーン配色

トーンを統一した配色であり, 異なる色相でもトーンを揃えることで, まとまりや統一感を与えることができる (図3.22)。

### ③トーンオントーン配色

■図3.23―――トーンオントーン配色

同一または類似の色相で明度の差をつけた配色であり, 統一感があり落ち着いた印象を与えるが, 明度差によって明快な印象にもなる (図3.23)。

### ④トリコロール配色

■図3.24―――トリコロール配色

フランス国旗に代表されるようなコントラストのある明快な3色を使った配色。白や黒を含めることもできる (図3.24)。

### ⑤ビコロール配色

■図3.25―――ビコロール配色

日本国旗に代表されるようなコントラストのある明快な2色を使った配色。白や黒を含めることもできる (図3.25)。

## [3] ユーザに配慮された配色

Webサイトは多くのユーザが等しく情報を取得できるよう, デザインにおいて配慮が必要である。たとえば, 背景と文字が似た色や明るさの場合, 識別しづらくなるためコントラスト[9]を高くしたり, 色覚障がいをもつユーザに対し, ハイパーリンクを色のみで表現するのではなく, 下線を引くなどの配慮があることが望ましい。

*9 コントラストの詳細については, 3-3-3[2] を参照のこと。

# 3-3
# 画像

Webサイトにおけるビジュアル面の質を高めるうえで，画像は重要な存在である。ここでは，画像に関する基礎的な知識について解説する。

## 3-3-1　ラスタ形式とベクタ形式

ディジタル画像は，ラスタ形式とベクタ形式の2種類に分けられる。

### [1] ラスタ形式

**ラスタ形式**は，画像を構成する最小単位である**画素**（**ピクセル**）が格子状に並んで構成された形式の画像である。**ビットマップ形式**ともよばれる。画素を多く並べることで複雑な画像を表現することができるため，写真やグラデーションの表示に適しているが，画像を拡大すると，被写体の輪郭に**ジャギー**とよばれるギザギザが現れたりする（図3.26）。ラスタ形式の画像を作成する代表的なソフトウェアには，「Adobe Photoshop」がある。

■図3.26───ラスタ形式の画像

### [2] ベクタ形式

**ベクタ形式**は，数値によって複数の点（座標）とそれをつないだ直線や曲線，色などを数値データとして記録する形式の画像である。ラスタ形式と比べて一般にデータ量が小さく，画質を損なうことなく拡大，縮小することができるため，タイポグラフィやロゴ，シンボル，地図などの図形的な画像を表現するのに適しているが，風景などの複雑な画像の表現には適していない（図3.27）。ベクタ形式の画像を作成する代表的なソフトウェアには，「Adobe Illustrator」がある。

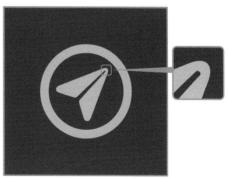

■図3.27───ベクタ形式の画像

　画像ファイルフォーマットとは，コンピュータ上で画像データを取り扱うための形式のことで，表示方法や品質，圧縮方式などが異なるさまざまな種類がある。画像データは，一般にデータ量が大きく，データ圧縮は非常に重要な技術である。圧縮方式には，再び元の画像に復元できる**可逆圧縮**[*10]と，完全な復元はできない（画質劣化が生じる）**非可逆圧縮**[*11]がある。

　Webサイトに画像を用いる際には，ユーザのネットワークが遅くても画像が表示されるよう，できる限りデータ量を減らす工夫をしながら，見栄えにも配慮をする必要がある。ここでは，Webサイトで利用されるおもな画像データのファイル形式の特徴を解説する。

## [1] JPEG

　JPEG[*12]（ジェイペグ）とは，ラスタ形式の画像ファイル形式で，フルカラー（約1,677万色）を表現できるため，写真など色数を多く扱う画像の利用に適している。高い圧縮技術によってデータ量を軽くできるが，JPEGは非可逆圧縮のため，圧縮すると元の画質に戻すことができない。

## [2] GIF

　GIF[*13]（ジフ）とは，最大256色を表現でき，ロゴやアイコンなどの色数の少ない画像の利用に適している。扱える色数が少ないため写真などの画像の利用には適さないが，画像の一部を透過でき，複数の画像を1つにまとめて動画像として表示するGIFアニメーションとよばれる機能がある。Webデザインでは，背景を単色で表現する際などに用いられることがある。

## [3] PNG

　PNG[*14]（ピング）とは，フルカラーを表現できる画像ファイル形式である。GIFと同様に透過ができ，Webサイトでの表示に適しているが，JPEGやGIFに比べてデータ量が大きくなることがあるため注意が必要である。[*15]

## [4] SVG

　SVG[*16]（エスブイジー）とは，ベクタ形式の画像ファイル形式であり，拡大や縮小をしても画質が劣化しない。ロゴやアイコンなどのシンプルな形状の画像の表現に適している。

## 3-**3**-**3** レタッチ

　画像にさまざまな加工や補正，編集を施すことを**レタッチ**（フォトレタッチ）とよぶ。Webサイトにおけるビジュアル面の質を高めるには写真などの画像に使用目的に合ったレタッチを施す必要がある。レタッチは，「Adobe Photoshop」などのペイント系ソフトウェアで行い，また，ブログ掲載用の写真など簡易的な編集であれば，スマートデバイスに標準で搭載されている写真編集アプリケーションなどでも行える。ここでは，Webサイト制作時に利用される代表的なレタッチの手法について解説する。

### [1] トリミングとマスク

　**トリミング**とは，画像内の必要な部分だけを切り出す作業である。画像のなかで強調したい部分をより明確にしたり，画像の形を変えたい場合などにトリミングを行う。たとえば，SNSのユーザアイコンなどに画像を使用する際に，正方形や円形にトリミングをすることがある（図3.28）。

　**マスク**は，画像内の不要な部分を隠し，被写体を切り抜いたように見せたり，背景画像との合成などに用いられる。マスクには，用途に応じたさまざまな手法があるが，図3.29の例では，切り抜きたい被写体をブラシツールでなぞり[17]，必要な部分のみを表示させた例である。

■図3.28———トリミングの例
画像の一部分をトリミングによって正方形に切り出して被写体を強調している。

■図3.29———マスクの例
マスクによって必要な部分のみを表示している。

*17　実際に筆で絵を描く際などの筆圧や太さ，質感を再現した手描き用のツール。ペイント系ソフトウェアの多くに搭載されている。描画以外にも選択範囲を指定する際に用いられることも多い。

chapter

3

3-3

画像

055

## [2] 明るさの補正

画像が明るすぎたり，暗すぎたり，コントラストが不足していたりする場合は，画像編集ソフトウェアで以下のパラメータを操作することで改善できる。

### ①露出

**露出**とは，おもに写真を撮影する際に取り込まれる光の量（露光量）のことである。画像編集ソフトウェアでは，画像中の光の量を擬似的に増減させることで画像全体の明るさを調整することができる（図3.30）。

[a] 操作をしていない状態 　　[b] 露光量を高くした画像 　　[c] 露光量を低くした画像

■図3.30──露出（露光量）の調整

### ②コントラスト

**コントラスト**とは，画像内の明るい部分と暗い部分の差（明暗差）である。コントラストを強くすると，明るい部分はより明るく，暗い部分はより暗くなり，コントラストを弱くすると，明暗の差が少なく全体的にぼんやりとするため，画像全体のトーンを調整することができる（図3.31）。

[a] 操作をしていない状態 　　[b] コントラストを強めた画像 　　[c] コントラストを弱めた画像

■図3.31──コントラストの調整

### ③シャドウ・ハイライト

画像内の暗い部分（暗部）のことを**シャドウ**，明るい部分（明部）のことを**ハイライト**，その中間を中間調とよぶ。シャドウは画像内の黒に近い暗い部分だけを，中間調は画像内の中間の明るさの部分だけを，ハイライトは白に近い明るい部分だけを調整することができる（図3.32）。

[a] 操作をしていない状態　　[b] シャドウを補正（明るく）した画像　　[c] ハイライトを補正（暗く）した画像

■図3.32———シャドウ・ハイライトの調整

### ④ トーンカーブ・ヒストグラム

　**トーンカーブ**とは，なだらかに変化するカーブを使って，画像の明るさやコントラストを可能な限り自然な状態で変化させるためのツールである。トーンカーブは，原画像の各画素（ピクセル）の明るさを横軸に，補正後の画素の明るさを縦軸にとっている。とくに何も操作をしていない状態では，図3.33[a]のように斜め45度の直線となる。同図[b]に明るさを調整した例，同図[c]にコントラストを調整した例を示す。

　トーンカーブでは，ヒストグラムへの理解も重要である。**ヒストグラム**とは，横軸に画素値（画素の明るさ）を，縦軸にそれぞれの画素値の頻度（その画素値がもつ画素の個数）をとり，各画素値の分布を棒グラフで表したものである。棒グラフの値が左に偏っていると画像が暗く，右に偏っていると画像が明るい，というように画像の明るさの傾向を判断することができる。

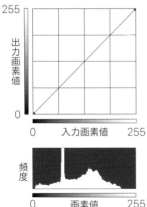
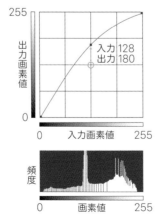
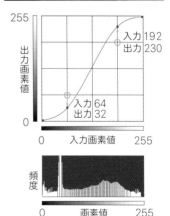

[a] 原画像とトーンカーブの初期状態　　[b] 明るさを調整した例　　[c] コントラストを調整した例

■図3.33———トーンカーブによる補正の例

## [3] 色の補正

撮影時の光源や時間帯によって，写真が意図した色合いで撮影されていない場合がある。画像編集ソフトウェアで以下のパラメータを操作することで色の補正をすることができる。

### ①彩度

画像編集ソフトウェアでは，3-2-1［2］で解説した彩度を調整することで写真や画像の印象を変えることができる。彩度を高くすると派手な印象に，低くすると落ち着いた印象になる（図3.34）。

低い ← 彩度 → 高い

■図3.34―――彩度による見え方の違い

### ②色温度

**色温度**とは，光の色を表す尺度であり，ケルビン（K）という単位で表される。色温度は低いほど赤く（暖色系），高いほど青く（寒色系）なるため，色温度を低くすると温かみのある印象に，高くすると冷たい印象になる（図3.35）。

低い（暖色系） ← 色温度 → 高い（寒色系）

■図3.35―――色温度による見え方の違い

### ③ホワイトバランス

　**ホワイトバランス**とは，特定の色に偏った色かぶりをおこした写真や画像に対して，本来の色味に補正することである。本来は白であった部分に着目し，ホワイトバランスや色温度のパラメータを白に近づけるように補正することで，本来の色味の画像に調整することができる（図3.36）。

[a] 全体に赤かぶりをおこした画像　　　　　[b] 調整後の画像
■図3.36————ホワイトバランスの調整

## [4] シャープネス

　**シャープネス**とは，輪郭を強調したり，弱めてやわらかな印象にしたりすることである。シャープネスを調整することで，建物や金属製品などの硬質感や，花びらや肌質などの柔和さを表現することができる。また，ピントが合ってない写真などを補正する際にも使用される（図3.37）。

[a] 操作をしていない状態　　　　　　　[b] 調整後の画像
■図3.37————シャープネスで輪郭を強調した例

# 3-4
# インフォグラフィックス

インフォグラフィックスとは，information（情報）とgraphics（グラフィックス）を組み合わせた造語で，文字や数値だけでは伝わりにくい情報をビジュアル化し，視覚情報としてわかりやすく魅力的に伝えるための手法である。ここでは，インフォグラフィックスに関する基礎的な知識について解説する。

### 3-4-1　ピクトグラム

　**ピクトグラム**とは，言語の代わりに図形やアイコンなどを用いることで，直感的かつ迅速に情報を伝える視覚的な記号（絵文字）である（図3.38）。

　情報の伝達を目的とするピクトグラムは，交通機関や観光情報サイトなどにおいて，交通手段や移動のルート，施設の種類などを表すアイコンとして用いられる。また，GUIなどの操作の対象としてのピクトグラムは，ECサイトにおける買い物カゴアイコンや，多くのWebサイトにおけるメールアイコンといった用途に用いられる。

　ピクトグラムのデザインは，それがひと目で何を意味するのかを認識できるか，ほかのピクトグラムと意味内容が明確に区別できるか，Webページで適切に目立っているか，などといったことに注意しなくてはならない。また，操作の対象としてのピクトグラムでは，操作に不慣れなユーザのために，操作方法を説明する文字を入れてデザインすることも多い。

■図3.38───ピクトグラム

## 3-4-2 ダイヤグラム

情報を表やチャート，地図といった視覚的表現で表したものを，**ダイヤグラム**とよぶ。

### [1] 表

**表**を用いて，情報やデータを項目ごとに分類，整理することで，比較が容易となる。

表のデザインは，行の背景色を交互に変えることで項目ごとの情報が認識しやすくなり，列ごとの揃えを合わせることで上下の情報が比較しやすくなる（図3.39）。

東京観光

東京駅からの所要時間

| | 徒歩 | 自転車 | 車 | 電車 |
|---|---|---|---|---|
| 浅草寺 | 60分 | 22分 | 18分 | 19分 |
| 東京スカイツリー | 71分 | 27分 | 22分 | 21分 |
| 東京タワー | 39分 | 18分 | 9分 | 19分 |
| お台場 | 107分 | 37分 | 13分 | 35分 |
| 原宿 | 74分 | 29分 | 18分 | 26分 |
| 六本木 | 52分 | 20分 | 12分 | 20分 |

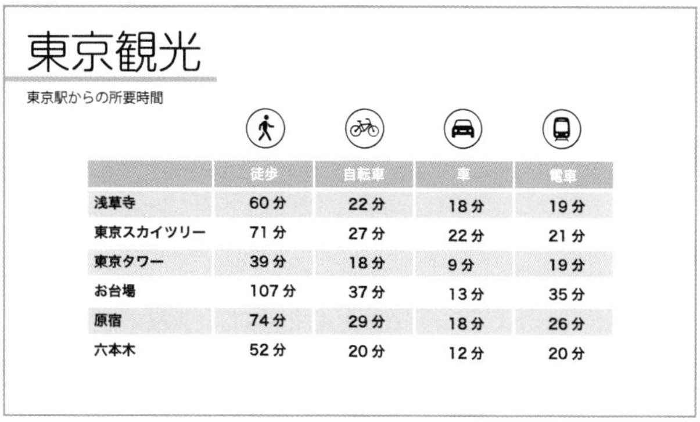

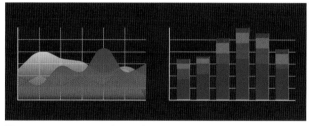

■図3.39――表

### [2] チャート

数値間の割合の変化や時間の経過による数値の変化などを視覚的に表したものを，**チャート**とよぶ（図3.40）。一般には，**グラフ**ともよばれる。

■図3.40――チャート（グラフ）

### [3] 地図（マップ）

**地図**（**マップ**）は，位置情報を俯瞰して図で表したものである（図3.41）。わかりやすい地図の制作には，不必要な要素を排除し，記号などを用いて情報を単純化することが重要である。さらに，目的地にたどり着くための目印となる建物などをわかりやすく記入することも不可欠である。

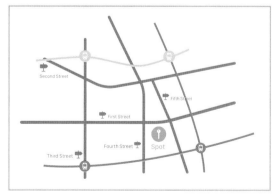

■図3.41――地図（マップ）

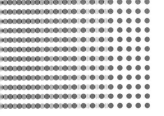

# 3-5
# ナビゲーション

Webページでは，情報の全体像や目的のページにたどり着くまでのルートを提示する効果的なナビゲーションが重要であり，扱う情報の内容に合わせて適切なナビゲーションの種類を選択する必要がある。ここでは，ナビゲーションに関する基礎的な知識について解説する。

## 3-5-1 ナビゲーションの種類

Webサイトでは，情報の全体像やアクセスルートを提示する効果的なナビゲーションの配置が重要であり，Webサイトのコンセプトに合わせて，適切なナビゲーションの種類を選択し，配置する必要がある。図3.42にWebサイトで用いられる，おもなナビゲーションを①～⑤の番号で示す。各ナビゲーションについて，以下に解説する。

■図3.42―――ナビゲーションの種類

### [1] グローバルナビゲーション

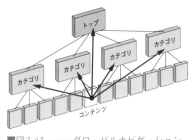

■図3.43―――グローバルナビゲーション

グローバルナビゲーション（図3.42①）とは，Webサイト上のすべてのページで同じ位置にレイアウトされるナビゲーションのことであり，会社概要やサービス内容など，主要なカテゴリのリンクがメニューとして配置されている。Webサイトを階層構造としてとらえた場合，基本としてグローバルメニューには上位階層のカテゴリがメニューとして配置されることが多く，ユーザは上位階層のカテゴリ間の移動を自由に行うことができる（図3.43）。

## [2] ローカルナビゲーション

*18 大きな分類で
あるカテゴリから,
さらに詳細な分類,
または項目として分
けたもの。

**ローカルナビゲーション**(図3.42②)とは,Webサイトの特定のカテゴ
リ内で利用されるナビゲーションのことであり,選択されたカテゴリ内の
コンテンツ間の移動を自由に行うことができる(図
3.44)。カテゴリ内のコンテンツの閲覧中には,グローバ
ルナビゲーション同様,Webページの同じ位置にロー
カルナビゲーションがレイアウトされる必要がある。た
とえば,グローバルナビゲーションの「商品情報」という
メニュー配下に「PC」,「モニタ」,「プリンタ」といったサ
ブカテゴリ[*18]が存在するような場合,これら3つのサブカ
テゴリがローカルナビゲーションとなる。

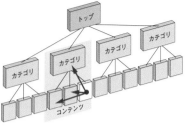

■図3.44———ローカルナビゲーション

## [3] パンくずリスト

**パンくずリスト**(図3.42③)とは,閲覧中のページの上位階層を表示す
るナビゲーションのことであり,**ブレッドクラムナビゲーション**ともよば
れる(図3.45)。パンくずリストには,ユーザがWebサイ
ト内で各種コンテンツの閲覧中に,現在の位置情報を把
握させ,迷子になることを防ぐというメリットがある。
ユーザがWebサイト外(たとえば検索エンジンなど)か
らWebサイト内の下位階層に直接アクセスしてきた場
合,パンくずリストが表示されることで,上位階層の構
造を把握できる。

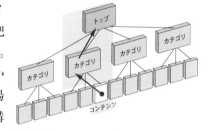

■図3.45———パンくずリスト

## [4] 直接ナビゲーション

**直接ナビゲーション**(図3.42④)とは,Webサイトの
階層構造とは関係なく,関連性のある別のコンテンツへ
直接移動するためのナビゲーションのことである(図
3.46)。たとえば,ECサイトの「関連商品」やポータルサ
イトの「人気記事」などに配置されることがある。

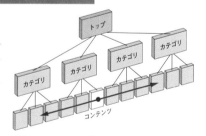

■図3.46———直接ナビゲーション

## [5] Webサイト内検索機能

**Webサイト内検索機能**(図3.42⑤)もナビゲーション
の1つである。ユーザは任意のキーワードを入力し,検
索結果から目的のコンテンツへ移動することができる
(図3.47)。

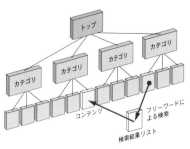

■図3.47———Webサイト内検索機能

## 3-5-**2**　スマートデバイスに適したナビゲーション

　スマートフォンやタブレットなどのスマートデバイスは，PCに比べて画面が小さいため，一画面あたりに表示できる情報量が少なくなる。PCと同じ情報量をスマートデバイスで表示させようとすると情報が煩雑になってしまうため，PC用とは別にスマートデバイスでの閲覧に適したナビゲーションをデザインする必要がある。たとえば，コンテンツの閲覧中はコンテンツエリアを，ナビゲーションの操作中はナビゲーションエリアを画面いっぱいに表示できるようなデザインにすることが必要となる。メニューは継続的な見直しや，追加，削除などが行われることも考慮し，どのようなメニューが適切であるかをあらかじめ検討しておくことが必要である。ここでは，スマートデバイスに適した代表的なナビゲーションの手法について解説する。

### [1] ドロップダウン

　**ドロップダウン**とは，メニューボタンをタップすると，そこからナビゲーションエリアを下方に向かって滑り込むように表示させる手法であり，カテゴリ内に複数のサブカテゴリをまとめる際などに使われる（図3.48）。ドロップダウンを用いたメニューボタンは2，3本の線で表されることが多く，その見た目から**ハンバーガーメニュー**とよばれる。

　ドロップダウンのメリットは，画面の大部分をコンテンツエリアに設定できることや，ナビゲーション項目の数に応じてナビゲーションエリアの高さを変更できるなど，Webサイトの情報構造に柔軟に対応できることである。しかし，コンテンツにたどり着くまでのアクション数が多くなることがデメリットである。

■図3.48―――ドロップダウン

## [2] スライド

　**スライド**とは，メニューボタンをタップすると画面の左側，もしくは右側からナビゲーションエリアを滑り込むように表示させる手法であり，そのようすが引き出しに似ていることから，**ドロワー**ともよばれる（図3.49）。スライドは，画面の大部分をコンテンツエリアに設定でき，また，画面の縦いっぱいにナビゲーションを表示できるため，多くの選択肢を表示できるというメリットがある。しかし，画面の縦いっぱいを利用するため，ナビゲーション項目の数が少ないと，画面が間延びして見えることや，ドロップダウンと同様に，コンテンツにたどり着くまでのアクション数が多くなることがデメリットである。

　スライドはドロップダウンと似た手法であるが，階層化された情報ではなく，同格の選択肢をユーザに提示したい場合に適した手法といえる。

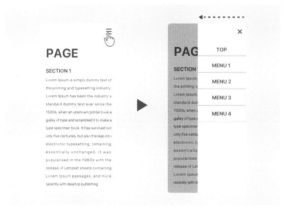

■図3.49━━━━スライド

## [3] アコーディオン

　**アコーディオン**とは，メニューを選択するたびに楽器のアコーディオンの蛇腹のように開いたり閉じたりしてメニューの内容を表示させる手法のことである[19]（図3.50）。コンテンツ量によっては，メニューがすべて表示されてしまうと見づらいWebサイトになるが，アコーディオンを用いることでユーザが必要とするメニューの表示，非表示をユーザ自身が選択をできることがメリットである。しかし，各メニューの初期状態は閉じているため，ユーザは用意されているコンテンツをひと目では把握しにくく，目的のコンテンツにたどり着くまでのアクション数が多くなることがデメリットである。

\*19 アコーディオンはメニュー以外に，「よくある質問」など，文章量が多いコンテンツにも利用されることがある。

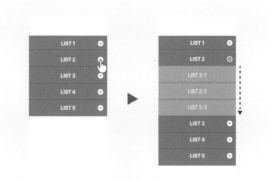

■図3.50━━━━アコーディオン

## ［4］タブ

**タブ**とは，画面にタブとよばれるラベルを付けたナビゲーション要素を表示しておき，タブの選択によって，そこに分類付けられたコンテンツやナビゲーション項目を表示させる手法である（図3.51）。画面上部をタブ領域，それ以外をコンテンツ領域とする場合が多い。階層化された情報ではなく，同格の選択肢をユーザに提示したい場合に適している。

タブは，選択肢がひと目で把握しやすく，1タップで目的の画面へ移動できることがメリットである。しかし，ナビゲーション項目数が多いと各タブが小さくなり，視認性と操作性が下がることがデメリットである。

■図3.51───タブ

# 3-6
# レイアウト

Webサイトを設計するためには，画面の分割と配置の設定，具体的なナビゲーション手法の決定などが必要になる。この分割と配置のよし悪しは，Webサイトの使いやすさに大きく影響するため，ナビゲーションとコンテンツの優先順位，人の視線の動きを考慮して設計することが重要である。ここでは，Webサイトの代表的なレイアウトパターンと人の視線誘導について解説する。

## 3-6-1　ナビゲーションレイアウト

　ここでは，Webサイトに用いられている代表的なナビゲーションレイアウトのパターンについて解説する。

### [1] 上部ナビゲーション型

　**上部ナビゲーション型**とは，画面の上側にナビゲーションエリアを，それより下のすべてのエリアにコンテンツを配置するレイアウトパターンである（図3.52）。Webページ内を上から下へと移動するユーザの視線をとらえやすく，画面の横幅をすべてコンテンツに使えるため，コンテンツエリア内の自由度が高い。さまざまな情報を配置しやすいが，コンテンツのカテゴリが多いものや，階層構造が深いWebサイトには適していない。スマートデバイスでのWebサイト閲覧が増えている現在，最も普及しているナビゲーションレイアウトである。

■図3.52───上部ナビゲーション型

## [2] 袖ナビゲーション型

　画面の左側にナビゲーションエリア，右側にコンテンツエリアを配置するレイアウトパターンを**左袖ナビゲーション型**とよぶ。左袖ナビゲーション型は，ユーザの視線がまずナビゲーションエリアに向かうため，ナビゲーション要素が重要な場合に採用される（図3.53）。たとえば，ECサイトのように，まずナビゲーションで商品ジャンルなどを選択していき，ある程度情報を絞り込んだところでコンテンツを閲覧し始める場合に適している。逆に，コンテンツのほうが重視される場合は，ナビゲーションエリアを右側に配置する**右袖ナビゲーション型**が採用される。

■図3.53―――袖ナビゲーション型（左袖ナビゲーション型）

## [3] 逆L字ナビゲーション型

　**逆L字ナビゲーション型**とは，画面の上部と左側にナビゲーションエリアを配置するレイアウトパターンである。一般に，図3.54のように，ユーザの視線移動の優先順位が高い上部エリアにグローバルナビゲーション，左袖エリアにローカルナビゲーションを配置する場合が多い。

　2つのナビゲーションを組み合わせることで，深い階層構造にも対応することが可能であり，また，左袖のナビゲーションは項目も多く配置できるため，コンテンツ量が膨大で分類が複雑なWebサイトにおいて情報を整理しやすい。そのため，規模の大きなECサイトやコーポレートサイトに適している。袖に配置するナビゲーションがコンテンツよりも優先順位が低い場合は，右袖に配置することも多い。ただし，画面の大部分をナビゲーションエリアに割いてしまうため，ほかの画面構成に比べ，コンテンツエリアが狭い構成となる。

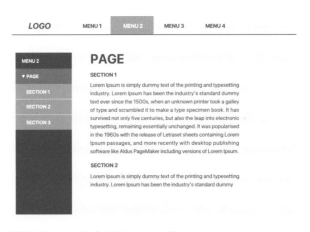

■図3.54―――逆L字ナビゲーション型

### 3-6-**2**　ページレイアウト

　ここでは，Webサイトに用いられている代表的なページレイアウトの
パターンについて解説する。

## [1] シングルカラムレイアウト

　**シングルカラムレイアウト**[*20]とは，Webサイトの情報がすべて縦1列に並
べられているレイアウトパターンであり，スマートフォンなど，画面の表示
領域が限られている閲覧機器などに適している。縦に情報を配置してい
くため，ユーザは画面を下にスクロールするだけで情報を取得することが
できる。また，コンテンツの面積を広くとることができるため，ストーリー
性をもたせた情報を提供でき，商品訴求を目的としたランディングページ
などに向いている（図3.55）。シングルカラムレイアウトを用いて1ページ
で完結させているWebサイトを**シングルページ型**[*21]とよぶ（図3.56）。

*20 カラムとは，一般には列を指すが，Webデザインにおいては，段組みのことを指す。

*21 4-4では，実際にシングルページ型のWebページ制作を体験できる演習を用意している。

シングルカラム

■図3.55―――シングルカラムレイアウトの例　　■図3.56―――シングルページ型

## [2] マルチカラムレイアウト

　**マルチカラムレイアウト**とは，Webサ
イトの袖にナビゲーション，中央にコン
テンツを配置するなど，Webサイトが
2カラム以上の構成になるレイアウトパ
ターンのことである。ECサイトやメディ
ア系サイトなど情報量が多いWebサイ
トで利用されており，おもにPCでの閲覧
時に，マルチカラムレイアウトで表示さ
れることが多い（図3.57）。

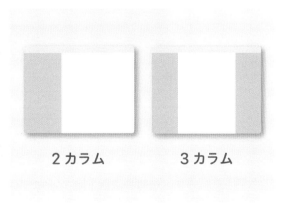

2カラム　　　3カラム

■図3.57―――マルチカラムレイアウトの例

## [3] グリッド型

**グリッド型**とは，Webページを方眼のように同じ大きさの四角形に分割し，これらをいくつか組み合わせるレイアウトパターンである（図3.58）。さまざまな要素を秩序立てて整列することができるため，すっきりとした見やすい構成にすることができる。

■図3.58————グリッド型

## [4] フルスクリーン型

**フルスクリーン型**とは，画面いっぱいに画像や動画などを表示させるレイアウトパターンである（図3.59）。ビジュアル要素を強く押し出すことで，インパクトやブランドを印象付けたい場合に用いられる。

■図3.59————フルスクリーン型

## 3-6-3 レイアウトにおける視線の誘導

**視線の法則**とは，ユーザが印刷物やWebサイトなどを見るときの視線の動きに関する考え方である。レイアウトをする際に，ユーザがどのように視線を移動させるのかを理解しておくことで，情報を効果的に伝えることができるようになる。ここでは，視線の法則を用いた代表的なレイアウトパターンについて解説する。

## [1] Zの法則

**Zの法則**とは，視線が左上→右上→左下→右下の順にアルファベットの「Z」を書くように移動する法則である（図3.60）。この「Z」の移動上に重要な情報を配置することで，順序よく情報を伝えることができる。多くのWebサイトがこの法則に則ってレイアウトされていると考えられる。

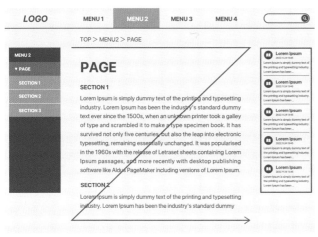

■図3.60―――Zの法則

## [2] Fの法則

**Fの法則**とは，視線がアルファベットの「F」を書くように移動する法則である（図3.61）。SNSのタイムラインやブログなど，大量の同じ形式の情報（記事）があるWebサイトやアプリケーションなどは，この法則に則ってレイアウトされていると考えられる。

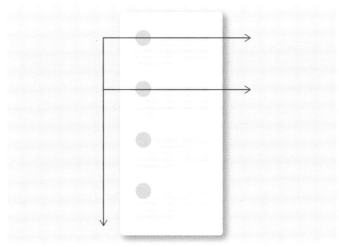

■図3.61―――Fの法則

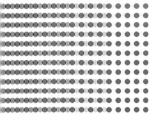

# 3-7
# インタラクション

Webサイト制作において重視される要素にインタラクションがある。ここでは，Webサイトにおけるインタラクションの役割について解説する。

### 3-7-1 インタラクションの種類

**インタラクション**とは，「inter（相互）」と「action（行動・作用）」を組み合わせた用語で，「相互作用」という意味である。Webにおいては「ユーザが操作を行った際に，システムがそれに応じた反応を返す」という意味で使われる。ここでは，Webサイトにおける代表的なインタラクションについて解説する。

#### [1] ボタン

Webサイトでは，ボタンやリンクにインタラクションが用いられることが多い。たとえば，特定の文章や画像などにマウスカーソルを重ねるような操作（**マウスオーバ**[22]）を行った際，その文章や画像などが別の画像に置き換わったり，色の変化やアニメーションによる演出などが発生することがある。このようなマウスオーバを契機に特定の要素のデザインなどを変化させる手法を**ロールオーバ**とよぶ（図3.62）。ロールオーバが起こることにより，そのボタンやリンクはクリックなどの操作が可能であることをユーザへ知らせることができる。このように，ボタンやリンクなどにインタラクションを施すことは，ユーザに行ってもらいたい行動を喚起させる[23]1つの要素になる。

*22 マウスホバーともよび，実装にはCSSの疑似クラス（:hoverなど）を使用する。疑似クラスの使用例については，4-4-4を参照のこと。

*23 CTA（Call To Action）ともよぶ。

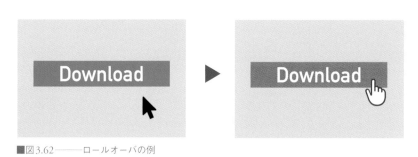

■図3.62———ロールオーバの例

## [2] ウィンドウ

　項目をクリック，あるいはマウスオーバするとメニューが浮き上がるように表示されるしくみをポップアップとよび，ウィンドウとして表示されるしくみを**ポップアップウィンドウ**とよぶ。広告などに使用されるケースも多いが，近年ではWebサイトの操作のヒントや，利用時の注意事項の表示などにポップアップウィンドウが使われている。

　ポップアップウィンドウに類似したインタラクションに，モーダルウィンドウがある。**モーダルウィンドウ**とは，ポップアップウィンドウが表示中でもほかの操作が可能であることに対し，モーダルウィンドウを閉じるまでは，ほかの操作が不可能になるウィンドウのことである。メッセージの送信やデータを削除するなど，重要な操作の際に注意喚起のために使われることが多い（図3.63）。

■図3.63————モーダルウィンドウの例
モーダルウィンドウが表示されるとWebサイト全体がグレーアウトになり，モーダルウィンドウの項目のみが操作可能な状態となる。

## [3] ページトランジション

　**ページトランジション**とは，Webページの移動，またはコンテンツを選択した際に発生する演出効果のことである。画面の切り替えを滑らかに見せたり，アニメーションによる演出を施すことで最も伝えたい情報を強調することができる。図3.64にWebサイトで使用される代表的なページトランジションを示す。

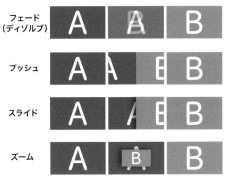

■図3.64————ページトランジションの例

## [4] ローディングアニメーション

**ローディングアニメーション**とは，Webページに必要なデータを読み込んでいる間に表示するアニメーションによる演出のことである。おもにデータの読み込みに時間がかかるページに使用され，現在データを読み込み中であることを知らせることができる。**スピナー**などで表示されることが多い（図3.65 [a]）。読み込みがいつ終わるのかをユーザに知らせる処理として，プログレスバーがある。**プログレスバー**では，データの読み込み状況をパーセントなどで表示することで完了までの時間が把握でき，ユーザの不安を軽減させる効果がある（同図 [b]）。

[a] スピナー　　　　　　　　　　　　　　　[b] プログレスバー
■図3.65————ローディングアニメーションの例

# 4

# Webページを実現する技術

# 4-1
# HTMLとCSSの学習準備

WebページはHTMLとCSSという言語を使用してつくられている。HTMLは文書を構造化し、コンピュータが正しく認識できるようにするための言語であり、CSSはWebページの見た目を装飾したりレイアウトするための言語である。Webページを実現させるためにはまずHTMLとCSSに関する知識を習得しなくてはならない。

*1 本章で取り扱うHTMLおよびCSSのバージョンは、本書発行時点での最新のものとする。サンプルデータは、文字コードにUTF-8を、改行コードにLF（UNIX形式）を用いている。これらの文字コード、改行コードに未対応のテキストエディタで閲覧や編集をしたり、別の文字コードで保存したりすると、文字化けや改行の崩れが発生する場合がある。古いWebブラウザには最新バージョンのHTML, CSSに対応していないものも存在するため、サンプルデータをWebブラウザで表示する場合は、可能な限り最新バージョンのWebブラウザを用いることを推奨する。

*2 サンプルデータは、本書を用いた学習用の資料とする場合に限り、自由に使用できるものとする。

*3 HTMLやCSS, JavaScriptのソースコード（プログラム）を作成すること。これに対し、マークアップはHTMLの文書構造を作成する際に用いられる。マークアップの詳細は、4-2-1を参照のこと。

## 4-1-1　本章の学習にあたって

　本章では、コードの記述例やサンプルデータを参照しながら、4-2でHTML, 4-3でCSSの基礎的な知識について解説する。さらに4-4では、より学習効果を高めるために実践的な演習を行い、サンプルデータを用いながらシンプルなWebページを実際に作成する。

### [1] サンプルデータについて

　サンプルデータ[*1]は、本章で解説をしているHTMLファイル、CSSファイル、画像ファイルを節ごとにフォルダ内にまとめており、以下のCG-ARTSのWebサイトからzipファイルでダウンロードができる[*2]。

### ・4-2, 4-3サンプルデータ ダウンロードURL

https://www.cgarts.or.jp/book/web/4th-sample/

### [2] 必要なソフトウェアについて

　Webページを制作するためのツール（ソフトウェア）にはさまざまなものがあるが、簡単なWebページの作成であれば、テキストエディタとWebブラウザの2つだけを用意すればよい。

#### ①テキストエディタ

　テキストエディタは、Webページの制作に必要な、HTMLファイルやCSSファイルを作成する際に使用するソフトウェアである。表4.1に示すようにテキストエディタは、「Windows」や「Mac」などのOSに標準でインストールされているが、Webデザインやコーディングの作業に特化した機能をもつテキストエディタも多く存在するため、自分にとって使いやすいものを探してみるのもよい。

chapter 4
1-1
HTMLとCSSの学習準備

| テキストエディタ | 使用できるOS |
|---|---|
| Visual Studio Code | Windows, macOS, Linux |
| Atom | Windows, macOS, Linux |
| Sublime Text | Windows, macOS, Linux |
| メモ帳<br>（Windows OS 標準） | Windows |
| テキストエディット<br>（macOS 標準） | macOS |

## ② Web ブラウザ

　作成したHTMLファイルなどを読み込み，Webページとして表示するためのソフトウェアが**Webブラウザ**である。Webブラウザは「Microsoft Edge」や「Safari」のようにOSに標準でインストールされているものや，「Google Chrome」や「Mozilla Firefox」のように無料で公開されているものがある。

　同じHTMLファイルでもWebブラウザによって表示が異なる場合があるため，実際にWebページをデザインする際には表4.2に示す複数のWebブラウザを用いて表示を確認することが重要である。

　主要なWebブラウザでは，各種OS用のPC版と，スマートフォンやタブレットなどで使用するモバイル版を提供している。これらのPC版とモバイル版はソフトウェアの製品名が同じであっても，PC版とは別の表示特性をもったWebブラウザとして考えるのがよい。

■表4.2────おもな Web ブラウザ

| Webブラウザ | 使用できるOS |
|---|---|
| Google Chrome | Windows, macOS, Linux |
| Mozilla Firefox | Windows, macOS, Linux |
| Microsoft Edge | Windows, macOS |
| Safari | macOS |
| Safari（モバイル版） | iOS, iPadOS |
| Google Chrome<br>（モバイル版） | Android, iOS, iPadOS |

# 4-2
# HTMLの基礎

Webページを作成するためにはHTMLへの理解が必要である。ここでは，Webページを機能させるうえでHTMLがもつ役割についてサンプルデータを用いながら解説する。

## 4-2-1　HTMLとは

　HTMLとは，HyperText Markup Language（ハイパーテキストマークアップランゲージ）の略称である。ハイパーテキストとは，文書の要素を相互に結びつけるしくみのことであり，**マークアップ**とは，作成した文書をコンピュータが認識できるように見出し，段落，画像に特殊な文字列（タグ）を付けて構造化する作業のことである。つまり，HTMLとは文書内の要素を相互に結びつけたり，構造化したりするための言語のことである。

## 4-2-2　HTMLファイルの作成と基本構造

　HTMLで記述した文書を**HTML文書**とよび，作成されたファイルのことを**HTMLファイル**とよぶ。WebブラウザにWebページを表示させるためには，HTMLファイルを作成しなければならない。ここでは，HTMLファイルの作成方法とHTML文書の骨組みとなる基本構造を解説する。

### ［1］HTMLファイルの作成

　HTMLファイルの作成方法は，以下のとおりである。

### ①テキストエディタを開く

　テキストエディタを起動し，新規ファイルを作成する（図4.1）。

■図4.1———テキストエディタによるHTMLファイルの新規作成

## ②HTMLファイルの保存

　HTMLファイルは，拡張子を「.html」と記述して保存するだけで作成することができる。HTMLファイルのファイル名には，半角英数字の小文字，-（ハイフン），_（アンダーバー）のみを使用でき，Webサイトにアクセスした際に始めに表示される**トップページ**のファイル名は基本的に「index.html」にしなくてはならない。ここでは仮に「index.html」の保存先をPCのデスクトップとするが，任意の場所で構わない（図4.2）。ただし，後述する画像ファイルやCSSファイルなども保存先はHTMLファイルと同じにすることが重要である。

　本章では，おもにこの「index.html」を編集しながら学習を進めていく。

*4 OSの設定によっては，拡張子が表示されていない場合がある。Webページの制作にあたっては，拡張子が表示されていたほうが利便性が高いため，表示される設定に変更することを推奨する。

*5 日本では，Webサイトをホームページとよぶことが多い。本来はWebサイトの最初のページをホームページとよぶ。本書では混乱を避けるため，Webサイトの最初のページのことをトップページとよぶこととする。

■図4.2──HTMLファイルの保存

## [2] HTML文書の骨組み

　HTML文書には基本的な骨組みがある。この骨組みを作成するために，先ほど作成した「index.html」の1行目から11行目に，図4.3に示されているコードを記述していく。以下はHTML文書の骨組みとなる要素の解説であるが，読んでみて難しいと感じるようであれば一旦読み飛ばしてもかまわない。

```
index.html
1  <!DOCTYPE html>
2  <html lang="ja">
3  <head>
4   <meta charset="UTF-8">
5   <meta name="viewport"
    content="width=device-width">
6   <title>HTMLの基礎</title>
7  </head>
8  <body>
9
10 </body>
11 </html>
```

■図4.3──基本となるHTML文書の骨組み

## 1行目 <!DOCTYPE html>

**文書型宣言**（DOCTYPE宣言）とよぶ。この文書がHTML文書であり，どのHTMLの規格であるのかWebブラウザに認識させるためのもので，HTML文書の一番始めに記述しなくてはならない。

## 2行目～11行目 <html lang="ja">～</html>

*6 HTML要素とhtml要素は紛らわしいが，HTML要素はHTML文書における要素の総称である。それに対してhtml要素は，<html>コンテンツ</html>によって構成されているものを指す。HTML要素の詳細については，4-2-2 [3]を参照のこと。

*7 languageの略称である。属性の詳細については，4-2-2 [4] を参照のこと。

文書型宣言の直後に記述する要素を**html要素**[6]とよぶ。HTML文書のすべての要素は，このhtml要素内に記述される。2行目の「lang="ja"」は，lang属性（ラング属性）[7]とよばれるもので，HTML文書全体の言語を指定するために用いる。たとえば，日本語の場合は「"ja"」，英語の場合は「"en"」と属性値に記述する。

## 3行目～7行目 <head>～</head>

html要素内の最初に記述される要素を**head要素**（ヘッド要素）とよび，HTML文書内に一度だけ使用することができる。head要素はWebページの情報や設定を記述するために使用され，このhead要素内に記述された内容はWebページのコンテンツ上に直接表示されるものではない。

## 4行目 <meta charset="UTF-8">

**meta要素**（メタ要素）とは，Webページを記述する文字コードやコンテンツに関するキーワード，概要などのメタデータ（基本情報）を作成するために用いられ，このmeta要素にcharset（キャラセット）属性を追加することでHTML文書の文字コードを指定することができる。**文字コード**とは，コンピュータ上で文字を表現するために決められたコードセットである。文字コードにはさまざまな種類があるが，Webデザインでは**UTF-8**を使用することが推奨されている。

## 5行目 <meta name="viewport" content="width=device-width">

Webページの表示領域の幅を閲覧機器ごとに最適な表示とするために，meta要素にname属性を使用して属性値に「"viewport"」と記述する。さらに，content属性を使用して属性値に「"width=device-width"」と記述する。

## 6行目 <title>～</title>

HTML文書のタイトルを指定するために使用する要素を**title要素**とよぶ。Webブラウザや検索エンジンは，このtitle要素を読み取り，Webブラウザのタブやブックマーク，検索結果などに記述したタイトルを反映する。ここでは「HTMLの基礎」と記述する。

## 8行目～10行目 \<body>～\</body>

HTML文書のコンテンツ部分となる要素を**body要素**とよぶ。このbody要素内に記述されたテキストや画像がWebページ上に表示される。

### [3] HTML要素

HTML文書では，**タグ**とよばれる特殊な文字列で文章を囲むことにより，**HTML要素**にすることができる。図4.4に示す，①開始タグ，②コンテンツ，③終了タグの組み合わせがHTML要素である。このHTML要素によってHTML文書を構造化していく。たとえば，「雨ニモマケズ」というテキストを見出しにしたい場合は，\<h1>の開始タグと\</h1>の終了タグを用いて，「雨ニモマケズ」というテキストを囲むように記述する。さまざまなHTML要素は**要素名**[*8]を使用して呼称される。

*8 h1で構成されたHTML要素は，h1要素とよばれる。h要素の詳細については，4-2-3[1]を参照のこと。

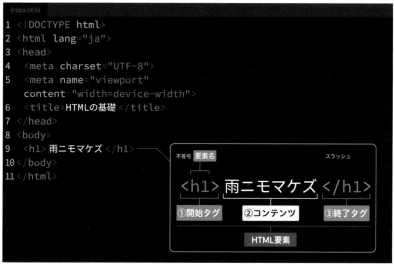

```
index.html
1  <!DOCTYPE html>
2  <html lang="ja">
3  <head>
4    <meta charset="UTF-8">
5    <meta name="viewport"
     content="width=device-width">
6    <title>HTMLの基礎</title>
7  </head>
8  <body>
9    <h1>雨ニモマケズ</h1>
10 </body>
11 </html>
```

■図4.4———HTML要素の構成

### ①開始タグ

**開始タグ**とは，要素名を「\<>（不等号）」で囲ったものであり，HTML要素の始まりを示すタグのことである。

### ②コンテンツ

**コンテンツ**とは，HTML要素内に記述した具体的な内容を表すテキストのことであり，Webページとして実際に表示される内容を記述する。

### ③終了タグ

**終了タグ**とは，HTML要素の終わりを示すタグのことである。要素名の直前に「/（スラッシュ）」を入れることで終了タグとなる。

## [4] 属性

HTML要素にはさまざまな情報を追加することができる。この追加する情報のことを**属性**とよぶ。図4.5に示すように属性は「属性名="属性値"」の形式で記述され，要素名の後ろに半角スペースを空けてから記述する。たとえば，a要素[*9]（アンカー要素）はリンクを作成するためのHTML要素であり，このa要素にリンク先のURLを設定するためには，**href属性**[*10]（エイチレフ属性）を使用し，図4.5の10行目に「<a href="https://www.cgarts.or.jp">Example</a>」と記述する。

属性にはここで使用したhref属性以外にもさまざまなものがあるが，そのほとんどはHTML要素とセットで使われることが多いため，要素と属性を定型文のようなものとして覚えるとよい。[*11]

*9 anchorの略称である。a要素については，4-2-5も参照のこと。

*10 hypertext referenceの略称である。

*11 コーディングに特化したテキストエディタなどでは，HTML要素を記述する際に属性を自動補完する機能があるため，試してみるのもよい。

```
index.html
1  <!DOCTYPE html>
2  <html lang="ja">
3  <head>
4    <meta charset="UTF-8">
5    <meta name="viewport"
     content="width=device-width">
6    <title>HTMLの基礎</title>
7  </head>
8  <body>
9    <h1>雨ニモマケズ</h1>
10   <a href="https://www.cgarts.or.jp">Example</a>
11 </body>
12 </html>
```

属性

`<a href="https://www.cgarts.or.jp">`

属性名　　　　　属性値

半角スペース
要素名　　イコール　　ダブルコーテーション

■図4.5──属性の構成

## [5] Webブラウザでの表示

作成したHTMLファイルをWebブラウザに表示させるには，WebブラウザのメニューからHTMLファイルを開くか，Webブラウザにドラッグ＆ドロップすることで表示できる（図4.6）。

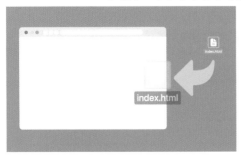

HTMLファイルを更新したいときはHTMLファイルを上書き保存し，Webブラウザで再読み込み（リロード）をすることで表示が更新される。上書き保存やWebブラウザの再読み込みは頻繁に行う作業になるため，各OSのショートカットキーをあらかじめ覚えておくとよい。

■図4.6──HTMLファイルをWebブラウザにドラッグ＆ドロップする例

　Webサイトにおける**テキスト**（文章）は，情報の中心となる存在である。ここでは，HTML文書を作成する際の文書構造に沿ったテキストの扱い方や，マークアップ方法を解説する。

## [1] 見出し（h要素）

　記事のタイトルや目次などに用いられているものを**見出し**とよび，HTMLでは**h要素**（ヘディング要素）で見出しを作成することができる。h要素には重要度順にh1, h2, h3, h4, h5, h6の6段階があり，h1が最も重要度が高く文字が大きく表示され，h6が最も重要度が低く文字が小さく表示される。また，h要素を使用すると文字が太字になり，文字上下に余白が足される。

*12 headingの略称である。

　h1は1つのHTML文書中に1回程度使用することが推奨されており，一般にはWebページのタイトルなどに使われる。また，見出しはh1から重要な順番に使用することを意識しながら文書を構造化していくとよい。

　図4.7に示すように，11行目から16行目はh1～h6要素を使用した例であり，文字の大きさがそれぞれ異なっていることがわかる。

■図4.7───h要素を使用した際の見出しの表示例

## [2] 段落（p要素）

*13 paragraphの略称である。

　**段落**とは，テキストを内容ごとに分けた区切りのことであり，HTMLでは**p要素**（パラグラフ要素）で作成することができる。図4.8に示すように，p要素で段落を作成すると段落ごとに自動的に改行され，段落の間に余白が足されていることがわかる。

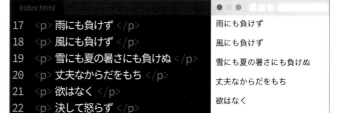

■図4.8───p要素を使用した際の段落の表示例

## [3] 改行（br要素）

＊14 breakの略称である。

　p要素を使用してテキストを記述している際に改行を行った場合，Webブラウザ上では改行が無視されるため，改行を表現する場合は，**br要素**[*14]（ブレイク要素）を使用する。br要素を使用する際は，開始タグのみを記述するだけでよい（図4.9）。4-2-2［3］で解説したとおり，HTML要素は開始タグとコンテンツ，終了タグで構成されるが，br要素のようにコンテンツと終了タグをもたない要素のことを**空要素**とよぶ。

■図4.9────br要素を使用した際の改行の表示例

## [4] 特殊記号の表示

　HTML文書では，コンテンツ内のテキストとして直接記述することができない記号がある。たとえば，「＜（小なり）」や「＞（大なり）」はHTML要素を作成するための記号とされているため，記述することが禁止されている。このような記号をWebブラウザ上に表示させるためには，**名前文字参照**（Named character references）という書式を使用する。たとえば，「＜」を表示させたい場合はp要素内に「＜」と記述するのではなく，「&lt;」と記述する（図4.10）。これをWebブラウザで表示すると「＜」となる。名前文字参照の書式は＆（アンド）で始まり，;（セミコロン）で終わることが共通している。

　表4.3におもな名前文字参照を示す。

■図4.10────名前文字参照を使用した際の特殊記号の表示例

| 記号 | 書式 | 意味 |
|---|---|---|
| < | &lt; | less-than sign（小なり記号） |
| > | &gt; | greater-than sign（大なり記号） |
| " | &quot; | quotation marks（コーテーションマーク） |
| & | &amp; | ampersand（アンパサンド） |
| © | &copy; | copyright sign（©マーク） |

## [5] スペース（空白）

　HTML文書では連続した半角スペース文字は基本的に無視され，半角スペースをいくつ記述しても半角スペース1文字分に置き換えられてしまう。コンテンツ内のテキストに**スペース**を表現したい場合は，改行なしスペースの「 」を挿入したり，CSSを使用して見た目上の余白を入れるなどの方法がある。図4.11は24行目から25行目の「作者」と「宮沢賢治」の間に改行なしスペースを入れた表示例である。表4.4にスペースをつくるための書式の一覧を示す。

■図4.11―――改行なしスペースの表示例

■表4.4―――スペースをつくるための書式

| スペースの種類 | 書式 | 読み方と意味 |
|---|---|---|
| 改行なしスペース |   | no-break space（ノーブレイクスペース） |
| 「n」の字幅分のスペース |   | en space（エンスペース）<br>半角スペースとほぼ同等のスペース |
| 「m」の字幅分のスペース |   | em space（エムスペース）<br>全角スペースとほぼ同等のスペース |
| 細いスペース |   | thin space（シンスペース）<br>改行なしスペースよりも狭いスペース |

## [6] コメント

　HTML文書内のテキストを「<!--」と「-->」で囲むと，Webブラウザで表示した際に囲んだ部分が非表示になる。これを**コメント**とよび，制作時のメモとして使用することができる。コメントは個人の制作時のメモとし

てだけでなく，共同作業での制作や，コードの利用者への注意書きとして
もよく使用される。また，この非表示の機能はHTML文書内のHTML要
素を一時的に無効にしたい場合にも利用される。これを**コメントアウト**と
よぶ。

　図4.12に示すように11行目に「メモ」とコメントし，12行目および，
14行目から17行目をコメントアウトすると，6つ表示されていた「宮沢賢
治」は，13行目のh2要素のものだけが表示されるようになる。

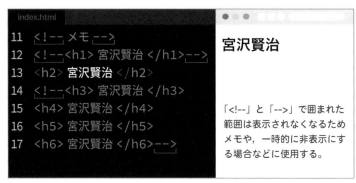

■図4.12——コメントとコメントアウトの表示例

## 4-2-4　画像

　Webページの制作において，テキストと同等に重要な情報である画像
の扱い方について解説する。本項で使用する画像ファイルは，4-1-1［1］
でダウンロードしたサンプルデータの画像ファイル「sample.svg」を使用
し，「index.html」と同じ場所に保存する。

　画像ファイルの表示には，**img要素**（イメージ要素）[15]を使用する。img
要素ではおもに2つの属性を追加する。1つ目は，**src属性**（ソース属性）[16]
であり，表示させる画像の場所（ファイルパス）を属性値に指定する。2つ
目は，**alt属性**（オルト属性）[17]であり，alt属性の属性値にその画像ファイル
のタイトルなどを記述することで，何かしらの原因でWebブラウザが画
像ファイルを読み込まなかった際に，代替テキストとして表示させる機能
がある。なお，img要素は終了タグが不要な空要素である。

　図4.13は27行目にimg要素を使用してsrc属性の属性値に「"sample.
svg"」を記述し，alt属性の属性値に「サンプル画像」と記述した表示例で
ある。

*15 imageの略称
である。

*16 sourceの略称
である。

*17 alternateの略
称である。

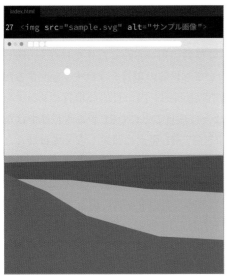

```
index.html
27 <img src="sample.svg" alt="サンプル画像">
```

■図4.13────img要素を使用した際の画像ファイルの表示例

## 4-2-5　ハイパーリンク

　**ハイパーリンク**とは，あるWebページの情報と別のWebページなどの情報を関連付け，移動できるようにするしくみのことであり，ハイパーリンクは単にリンクともよばれている。ハイパーリンクによって相互に情報が結びつけられたテキストのことを**ハイパーテキスト**とよぶ。ここでは，HTML文書におけるリンクの設定方法について解説する。

### [1] 外部のWebサイトなどへのリンク設定

　リンクを設定する際，まずは何を何にリンクさせるのかを意識するとよい。たとえば，「CG-ARTS」というテキストを「https://www.cgarts.or.jp/」という外部のWebサイトにリンクさせたい場合，リンク元はテキストの「CG-ARTS」であり，このテキストをクリックすることでリンク先である「https://www.cgarts.or.jp/」に移動するということになる。4-2-2［4］の属性の解説でも触れているが，リンクを設定するには図4.14のように**a要素**を使用し，**href属性**でリンク先を設定する。

■図4.14────a要素を使用した際のリンクの表示例

　リンクは外部のWebサイトへの移動に用いられるだけではなく，同じWebサイトのWebページ内においても目的の項目をすばやく参照するために用いられることもある。同じWebページ内の目的の項目にリンクを設定したい場合，Webサイトのように項目ごとにURLがあるわけではないため，リンクさせるための目印をHTML要素に設定しなくてはならない。そこで，**id属性**[*18]を使用し，属性値に任意のID名を設定する。たとえば，ID名を「top」とした場合，「id="top"」という記述になる。ここでは，リンク元をクリックすることでWebページのトップに戻るリンクを設定し，リンク先として「id="top"」を9行目のh1要素に追加する（図4.15）。

■図4.15────HTML要素におけるID名の記述例

　つぎにリンク元となるa要素を28行目に作成する。href属性に先ほど作成したID名を設定するが，ID名の前に「#（シャープ）」を付ける決まりがあるため，「href="#top"」となる（図4.16）。

■図4.16────Webページ内リンクを設定した際の表示例

## 4-2-6　ディレクトリとファイルパス

　ここでは，Webデザインにおけるディレクトリの基礎知識とリンクなどの設定に必要となるファイルパスについて解説する。

*18 identifierの略称である。

## [1] ディレクトリ

**ディレクトリ**とは，HTMLファイルや画像ファイルを格納する場所であり，基本的にフォルダと同じものと考えてよい。一般には「Windows」や「Mac」のOSではフォルダ，Linux系[*19]のOSではディレクトリというよび方が使われる。Webサイトを公開するためのWebサーバの多くがLinux系のOSであるため，Webページを制作する際にはディレクトリとよばれることが多い。ここでは，ディレクトリという用語を使用することとする。以下は，HTMLで画像ファイルやリンクを取り扱ううえで理解しておくべきディレクトリに関する用語である（図4.17）。

*19 1991年にヘルシンキ大学のリーナス・トーバルズ（L.B.Torvalds）が開発したUNIX系のOS。PC/AT互換機用のCPUで動作したが，現在は多くのCPU上で動作する。

■図4.17―――ディレクトリの構成例とその名称

### ①ツリー構造

コンピュータのファイルシステムにおける**ツリー構造**とは，ディレクトリ内にさらにディレクトリを作成し，ファイルを整理していくことである。この構造は木の枝がつぎつぎと分かれていくように見えることからツリー構造とよばれる。[*20]

*20 2-3-1 [1] のツリー構造型は，Webサイトのコンテンツを整理するための手法として解説されていたが，ディレクトリにおけるツリー構造も概念としては同じものになる。

### ②ルートディレクトリ

**ルートディレクトリ**とは，ディレクトリの階層構造における最上位階層のことである。ディレクトリのツリー構造上の根（ルート）に位置することからこのようによばれる。

### ③カレントディレクトリ

**カレントディレクトリ**とは，現在参照している位置を示すディレクトリのことである。ファイルやディレクトリの場所を参照する際，現在参照しているディレクトリから見て目的のファイルがどこにあるのかが重要となるため，カレントディレクトリを意識しておく必要がある。

### ④サブディレクトリ

**サブディレクトリ**とは，同じディレクトリ内にある別のディレクトリのことである。たとえば，ディレクトリAの中にディレクトリBがある場合，ディレクトリBはディレクトリAのサブディレクトリということがいえる。このような関係を示す際，親ディレクトリや子ディレクトリ，上位のディレクトリ，下位のディレクトリといった表現を使用することもある。

### [2] ファイルパス

パスとは経路という意味であり，**ファイルパス**とは，あるファイルにたどり着くまでの経路のことである。ファイルパスの記述方法には，相対パスと絶対パスがある。

### ①相対パス

■図4.18──同じ階層を指定した際の相対パスの記述例

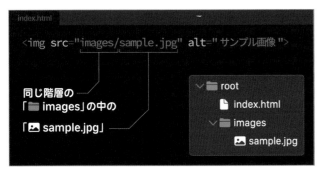

■図4.19──同じ階層の別のディレクトリを指定した際の相対パスの記述例

相対パスでは，カレントディレクトリをもとに目的のファイル位置を指定する。カレントディレクトリを表す際には「.（ドット）」を用いる。たとえば，参照したいファイルが現在参照している階層と同じディレクトリに保存されている場合，相対パスによるファイルパスは「./ファイル名」となる。なお，「./」は省略することができるためファイル名だけを記述してもよい（図4.18）。参照したいファイルが，同じ階層の別のディレクトリにある場合のファイルパスは「ディレクトリ名/ファイル名」となる（図4.19）。1つ上の階層を指定する場合は「../」を用いる（図4.20）。「../」を複数回つなげることで，1つずつ上位の階層へと上がっていく。

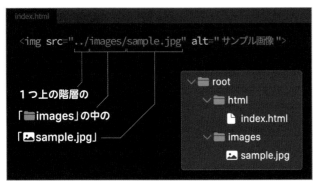

■図4.20──1つ上の階層を指定した際の相対パスの記述例

## ②絶対パス

**絶対パス**では，目的のファイルが外部のWebサイトに公開されている場合などに使用され，図4.21のようにURLで直接指定する。ファイルパスを記述する際に「http://」や「https://」から正確に記述する必要がある点に注意しなければならない。

■図4.21———絶対パスの記述例

## 4-**2**-**7** リスト

HTMLでは，複数あるテキストや画像などの情報をわかりやすくするためにリスト化して表示する要素も存在する。ここでは，リスト化するための代表的な要素について解説する。

### [1] 順序リスト（ol要素）

項目の先頭に番号が付いた**順序リスト**を作成したい場合，**ol要素**（オーダードリスト要素）で作成することができる。ol要素内に**li要素**（リストアイテム要素）を用いることで，番号を付けたいリスト項目を必要な数だけ追加することができる（図4.22）。

*21 ordered listの略称である。

*22 list itemの略称である。

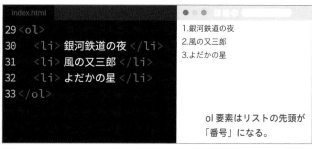

■図4.22———順序リストの表示例

### [2] 順不同リスト（ul要素）

順番を問わない箇条書きのリストを作成したい場合，**ul要素**（アンオーダードリスト要素）で作成することができる。このような箇条書きのリストを**順不同リスト**とよぶ。順不同リストでは，リストの先頭に「・（中黒）」が付けられる。リストの作成方法は，順序リストと同様である（図4.23）。

*23 unordered listの略称である。

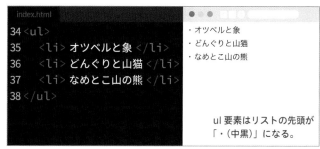

■図4.23———順不同リストの表示例

## [3] 入れ子(ネスト)

要素内に要素がある構造のことを**入れ子**(**ネスト**)とよび,子要素を含むほうを**親要素**,親要素内にあるほうを**子要素**とよぶ。入れ子構造をコードで記述する際は,子要素を親要素からインデント(字下げ)して,入れ子であることをわかりやすくするのが一般的である(図4.24)。

■図4.24———入れ子構造

## 4-2-**8**　表(テーブル)

HTMLで表(テーブル)を作成するには,**表組み**という作業を行う。ここでは,表組みの方法について解説する。

### [1] 表組み

表組みでは,複数の要素を入れ子にしながら作業を進めていく。ここでは,図4.25のような表を作成する。

■図4.25———表組みの例

### ①表全体の作成(table要素)

**table要素**(テーブル要素)を使用して,行とセルを作成するための領域を作成する(図4.26)。

■図4.26———table要素を使用した表全体の領域の作成

## ②行を作成する（tr要素）

tr要素[24]（テーブルロウ要素）を使用して行を作成する。table要素の子要素としてtr要素を必要な行数だけ追加する（図4.27）。

＊24 table rowの略称である。

```
index.html
39  <table border="1">
40     <tr></tr>
41     <tr></tr>
42     <tr></tr>
43  </table>
```

table要素の中にtr要素を記述し、「行」をつくる。

■図4.27——tr要素の記述例

## ③セルを作成する（td要素・th要素）

td要素[25]（テーブルデータセル要素）を使用してセルを作成する。tr要素の子要素としてtd要素を必要なセル数だけ追加する。

セルのタイトルなどに見出しを設定したい場合は、th要素[26]（テーブルヘッダセル要素）を使用すると見出しセルを作成することができる（図4.28）。

＊25 table data cellの略称である。

＊26 table header cellの略称である。

```
index.html
39  <table border="1">
40     <tr>
41        <th>セル1</th><th>セル2</th><th>セル3</th>
42     </tr>
43     <tr>
44        <td>セル4</td><td>セル5</td><td>セル6</td>
45     </tr>
46     <tr>
47        <td>セル7</td><td>セル8</td><td>セル9</td>
48     </tr>
49  </table>
```

tr要素の中に列数分のtd要素（th要素）を記述し、「セル」をつくる。各tr要素の中のセルの数は同じにする。

■図4.28——td要素，th要素の記述例

## [2] セルの結合

ここでは，表組みのセルの結合方法について解説する。

## ①横方向のセルの結合（colspan属性）

横方向のセルの結合には，colspan属性[27]（コルスパン属性）を使用して結合するセルの数を指定する。ここでは，図4.29のように横方向のセルを結合する。

＊27 column（列）とspan（範囲）を合わせた造語である。

| セル1 | | セル2 |
|---|---|---|
| セル4 | セル5 | セル6 |
| セル7 | セル8 | セル9 |

■図4.29——colspan属性を使用し，横方向セルを結合した際の表示例

手順としては「セル2」のth要素にcolspan属性を使用して、「colspan="2"」と記述するとセルが結合される。結合後は「セル2」のth要素が2セル分のサイズとなるため、「セル3」のth要素を削除する（図4.30）。

```
index.html
39  <table border="1">
40    <tr>
41      <th>セル1</th><th colspan="2">セル2</th>
42    </tr>
43    <tr>
44      <td>セル4</td><td>セル5</td><td>セル6</td>
45    </tr>
46    <tr>
47      <td>セル7</td><td>セル8</td><td>セル9</td>
48    </tr>
49  </table>
```
colspan属性には結合するセルの数を指定する。

■図4.30―――colspan属性の記述例

### ②縦方向のセルの結合（rowspan属性）

縦方向のセルの結合には、**rowspan属性**（ロウスパン属性）[28]を使用して結合するセルの数を指定する。ここでは、図4.31のように縦方向のセルを結合する。

■図4.31―――rowspan属性を使用し、縦方向セルを結合した際の表示例

「セル4」のtd要素にrowspan属性を「rowspan="2"」と記述するとセルが結合される。結合後はセル4が2行分のサイズになるため、セル7を削除する（図4.32）。

```
index.html
39  <table border="1">
40    <tr>
41      <th>セル1</th><th colspan="2">セル2</th>
42    </tr>
43    <tr>
44      <td rowspan="2">セル4</td><td>セル5</td>
        <td>セル6</td>
45    </tr>
46    <tr>
47      <td>セル8</td><td>セル9</td>
48    </tr>
49  </table>
```
rowspan属性には結合するセルの数を指定する。

■図4.32―――rowspan属性の記述例

*28 row（行）とspan（範囲）を合わせた造語である。

　Webページ上で使用される**フォーム**とは，情報を入力し送信するしくみのことであり，問合せやユーザ登録などの場面で利用されている。実際にフォームを使用してデータの受け渡しをするには，サーバやCGI[29]などのプログラムの知識が必要となる。ここでは，基本的なフォームの作成について解説する。

＊29 CGIについては，5-1-1を参照のこと。

## [1] フォームの作成（form要素）

　フォームを作成するには，**form要素**を使用する（図4.33）。その子要素として，input要素やselect要素などを使用してユーザに情報を入力させたり，選択させたりするための部品を作成する。

index.html
50 `<form></form>`　form要素でフォーム全体をつくる。

■図4.33──form要素を使用したフォーム全体の領域の作成

## [2] フォームの部品の作成

　HTMLでは，フォームを構成する文字入力欄やチェックボックスなどのユーザが操作できる部品を**コントロール**とよび，さまざまな用途に応じて作成することができる。一部のコントロールでは，入力された内容を検証する**バリデーション**というしくみが働く。たとえば，type属性を使用して「input type="email"」と記述するとメールアドレスを入力するためのコントロールを作成することができる。このコントロールでは，メールアドレスが正しく入力されているかを検証し，もし正しく入力されていない場合はエラーメッセージが表示される（図4.34）。
　ここでは，フォームで用いられる代表的なコントロールを示す。

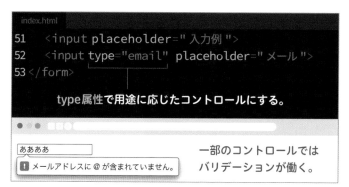

index.html
51 `<input placeholder=" 入力例 ">`
52 `<input type="email" placeholder=" メール ">`
53 `</form>`

**type属性で用途に応じたコントロールにする。**

あああ
! メールアドレスに @ が含まれていません。

一部のコントロールでは
バリデーションが働く。

■図4.34──type属性を使用した際のコントロールの表示例

### ①テキストボックス（input type="text"）

input要素にtype属性を使用して，「input type="text"」と記述するこ[30]
とでユーザにテキストを1行だけ入力させるための欄であるテキストボックスを作成することができる。テキストボックスにはplaceholder属性（プレースホルダ属性）を使用することで，あらかじめテキストボックス内に表示されるテキストを設定することができる。これはユーザがテキストを入力すると表示されなくなるため，入力例などに活用できる（図4.35）。

index.html
```
50 <form>
51    <input type="text" placeholder=" 入力例 ">
52 </form>
```
placeholder属性であらかじめ表示するテキストを指定する

入力例　　　　　placeholder 属性で指定したテキスト
　　　　　　　　はグレーで表示される。

■図4.35———type属性を使用した際のテキストボックスの表示例

### ②チェックボックス（input type="checkbox"）

チェックボックスとは，ユーザに複数の選択を可能にさせるための四角の欄であり，選択をするとチェックが付くコントロールである。チェックボックスはinput要素のtype属性に「"checkbox"」を記述して作成することができる。また，複数ある選択肢をグループ化する場合は，name属性を使用して任意の同じ属性値を設定する。

チェックボックスはテキストボックスのように入力欄がないため，選択された際に送信される属性値をあらかじめ設定しておく必要がある。属性値はvalue属性で設定する。また，checked属性を設定しておくとあらかじめチェックが付いた状態となる。このchecked属性に属性値は不要である（図4.36）。

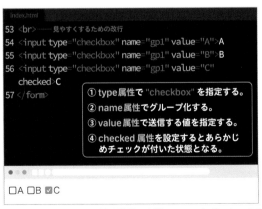

index.html
```
53 <br>------見やすくするための改行
54 <input type="checkbox" name="gp1" value="A">A
55 <input type="checkbox" name="gp1" value="B">B
56 <input type="checkbox" name="gp1" value="C"
   checked>C
57 </form>
```
①type属性で "checkbox" を指定する。
②name属性でグループ化する。
③value属性で送信する値を指定する。
④checked 属性を設定するとあらかじめチェックが付いた状態となる。

□A □B ☑C

■図4.36———type属性を使用した際のチェックボックスの表示例

## ③ラジオボタン（input type="radio"）

　**ラジオボタン**とは，複数ある選択肢から1つだけをユーザに選択させたい場合に使用するコントロールである。ラジオボタンは，input要素のtype属性に「"radio"」を記述して作成することができる。チェックボックスと同様に，ラジオボタンもname属性や，value属性を使用して属性値を設定する（図4.37）。

■図4.37————type属性を使用した際のラジオボタンの表示例

## ④フォームラベル（label要素）

　**フォームラベル**とは，コントロールに表示させるテキストのことである。フォームラベルは，**label要素**を使用して作成することができる。label要素はフォームラベルとコントロールを関連付けることができ，フォームラベルを選択した際に関連付けたコントロールが選択できるようになる。チェックボックスやラジオボタンなど選択項目が小さくて選択しにくい場合に有効である。設定の手順としては，label要素のコンテンツにフォームラベルとして表示したいテキストを記述し，for属性を設定する。フォームラベルと関連付けたいコントロールにid属性を設定する。その際，for属性とid属性に同じ属性値を設定する（図4.38）。

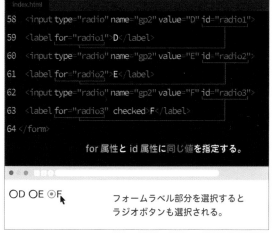

■図4.38————label要素を使用した際のフォームラベルの表示例

## ⑤セレクトボックス（select要素＋option要素）

　セレクトボックスとは，多数の選択項目を表示し，そこからユーザに項目を選ばせたい場合に使用するコントロールである。セレクトボックスはselect要素を使用して作成し，1つのセレクトボックスのまとまりを設定する。表示させたい選択項目はselect要素の子要素であるoption要素で作成し，selected属性を設定しておくと，あらかじめその選択項目が表示された状態になる。送信される属性値はvalue属性で設定する（図4.39）。

```
64  <br>―――見やすくするための改行
65  <select>
66  <option value="G" selected>G</option>
67  <option value="H">H</option>
68  <option value="I">I</option>
69  </select>
70 </form>
```

セレクトボックスを選択すると選択項目一覧が表示される。

■図4.39―――select要素とoption要素を使用した際のセレクトボックスの表示例

## ⑥テキストエリア（textarea要素）

　複数行にわたる長文のテキストをユーザに入力させたい場合は，textarea要素を使用してテキストエリアを作成する。テキストエリアは，テキストボックスと同様にplaceholder属性を設定することができる（図4.40）。

```
70  <br>―――見やすくするための改行
71  <textarea placeholder=" 入力例 "></textarea>
72 </form>
```

入力例

■図4.40―――textarea要素を使用した際のテキストエリアの表示例

## [3] フォームデータの送信

　フォームの入力項目を作成し終えたら最後に送信ボタンを設置し、送信されるデータの設定を確認する。

### ①フォーム送信ボタンの作成（input type="submit"）

　フォームの送信ボタンは、input要素のtype属性に「"submit"」を記述して作成することができ、value属性で送信ボタンの表示名を設定することができる。また、type属性に「"reset"」を記述することでフォームに入力した内容をリセットするボタンを作成することができる（図4.41）。

　ここでは例としてリセットボタンを設置しているが、一般には誤操作防止のため設置しない場合が多い。

■図4.41———type属性を使用した際の送信ボタンの表示例

### ②データの送信設定

　フォームに入力されたデータを送信するためにはHTMLだけでは動作せず、別途CGIなどのプログラムが必要となる。実際にデータを送信する際には、図4.42のようにform要素の開始タグに**action属性**（アクション属性）と**method属性**（メソッド属性）で設定する。

　action属性では、フォームのデータを送信する先を指定する。ここではデータの送信先が存在しないため、仮に「"example.php"」としている。method属性ではデータの転送方法を指定する。データの転送方法は、データを送信する場合は**post**、受信する場合は**get**を属性値として設定する。ここでは送信をするため「"post"」と記述している。

```
index.html
50  <form action="example.php" method="post">
```

■図4.42———action属性とmethod属性を使用した際の送信設定の記述例

## 4-2-10　グループ化

　Webページ内の構成要素を用途に合わせてグループ化することで，CSSでのレイアウト作業や，検索エンジンがWebページの内容を正確に検知するうえで役立つことになる。ここでは主要なグループ要素について図4.43，図4.44のようなWebページの構成をイメージして解説をするが，1つの例であり実際はこのとおりの構成にする必要はない。

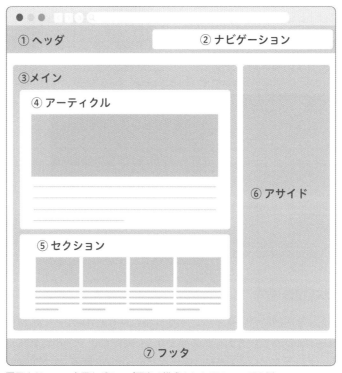

■図4.43————主要なグループ要素で構成されたWebページの例

■図4.44————主要なグループ要素の名称

## ①ヘッダ（header 要素）

Webページの上部の部分を**ヘッダ**とよぶ。ヘッダには，Webページの
タイトルやロゴ，ナビゲーションメニューなどを含むことが多い。ヘッダ
は**header 要素**でグループ化する。

## ②ナビゲーション（nav 要素）

グローバルメニューなどのナビゲーションとなる部分は**nav 要素**（ナブ
要素）でグループ化する。

*31 navigationの
略称である。

## ③メイン（main 要素）

Webページのメインコンテンツとなる部分は**main 要素**でグループ化す
る。

## ④アーティクル（article 要素）

**アーティクル**とは，記事という意味であり，Webページの中核をなす
コンテンツとなる。アーティクルは**article 要素**でグループ化する。

## ⑤セクション（section 要素）

**セクション**とは，テーマ性に基づいた情報のまとまりのことで，**section
要素**でグループ化する。基本的には別ページにある記事の概要を，ある
テーマに基づいてまとめたりする場合に使用する。また，セクションは原
則として見出しを含む。

## ⑥アサイド（aside 要素）

**アサイド**とは，Webページのメイン部分とは関連性の低い情報のまとま
りのことで，**aside 要素**でグループ化する。

## ⑦フッタ（footer 要素）

Webページの下部の部分を**フッタ**とよぶ。コピーライトや各種リンクを
含むことが多い。フッタは**footer 要素**でグループ化する。

## ⑧ディビジョン（div 要素）

これまでに解説してきたグループ化要素は，それぞれ使い方が大まか
に決められているが，**div 要素**（ディブ要素）は，使い方に縛られることな
く，あらゆる要素をグループ化する場合に使用する。Webページを構造化
する際，最も使用頻度の高いHTML要素である。

*32 divisionの略称
である。

# 4-3
# CSSの基礎

HTMLと同じくWebページを実現する技術としてCSSへの理解が必要である。ここでは，Webページを機能させるうえでCSSがもつ役割について解説する。

## 4-3-1 CSSとは

　HTMLはテキストの要素を構造化し，コンピュータに正しく認識させるための言語であり，HTML自体にはWebページの見た目をデザインする機能をもたない。Webページの見た目をデザインするためにはCSSを使用する。[*33] **CSS**はCascading Style Sheets（カスケーディングスタイルシート）の略称であり，カスケーディングとは連鎖的，段階的という意味をもち，スタイルシートはテキストの表示を制御するしくみのことである。一般にスタイルシートとよばれるものは，このCSSのことを指している。

*33 CSSは厳密にはプログラミング言語ではなく，スタイルシート言語である。

## 4-3-2 CSSの書き方と基本書式

　CSSを使用することで，Webブラウザ上に表示される文字のフォントや色，サイズ，余白を設けたり，HTML要素の並び方や順序などを変更することができる。[*34] ここでは，CSSの基礎について4-1-1 ［1］でダウンロードしたサンプルデータを参照しながら解説を進めていく。

*34 本書のCSSの解説には「装飾」と「スタイル」の用語を使用している。見た目を変更する操作を指す場合には「装飾」，一般に表示に関する内容を指す場合には「スタイル」として表現を分けている。

### ［1］CSSファイルの作成

　CSSファイルの作成方法は，以下のとおりである。

### ①テキストエディタを開く

　テキストエディタを起動し，新規ファイルを作成する（図4.45）。

■図4.45——テキストエディタによるCSSファイルの新規作成

## ②CSSファイルの文字コードの設定

HTMLファイルと同様にCSSファイルも，文字化けを防ぐために文字コードを設定する必要がある。文字コードはCSSファイルを適用させるHTMLファイルと同じにする必要があるため，1行目に「@charset "UTF-8";」と記述する。「@charset "UTF-8";」より前には，空白も含めて何も記述してはならない（図4.46）。

```
style.css
1 @charset "UTF-8";
2
```

■図4.46───CSSの文字コードの設定
UTF-8の記述は，大文字でも小文字でもよい。

## ③CSSファイルの保存

ファイルの拡張子に「.css」と記述すると，CSSファイルを作成することができる。CSSファイルのファイル名には，半角英数字の小文字，-（ハイフン），_（アンダーバー）のみが使用できる。ここでは，「style.css」という名称で，4-2-2［1］で作成した「index.html」と同じ場所に保存する（図4.47）。

■図4.47───CSSファイルの保存

## ［2］CSSの記述方法と基本書式

CSSでは「どのHTML要素」に対し，「何を」を「どのようにするのか」を定めていく。「どのHTML要素」にあたるものをセレクタ，「何を」にあたるものをプロパティ，「どのようにするのか」にあたるものを値とよぶ。CSSの基本的な書式は図4.48に示すように，セレクタ，プロパティ，値の3つを使用して記述する。なお，「：（コロン）」と値の間には可読性を上げるために半角スペースを入れるのが一般的である。

```
style.css
1 @charset "UTF-8";
2 h1{
3   color: red;
4 }
```

h1要素の文字の色を
red（赤）にするという意味になる。

（波括弧）
h1{
（コロン）（セミコロン）
color: red;
}
（波括弧）
①セレクタ ②プロパティ ③値
④宣言

■図4.48───CSSの基本書式

## ①セレクタ

**セレクタ**とは選択する箇所という意味であり，装飾を適用したいHTML
要素を指定することができる。たとえば，h1要素に対して装飾を適用した
い場合は，セレクタにh1と記述する。セレクタには，HTML要素名のほか
にクラスやIDなどを使用することができる。[35]

*35 クラスとID
の詳細については，
4-3-4を参照のこと。

## ②プロパティ

色や大きさといった装飾の種類を指定するには**プロパティ**を使用する。
たとえば，文字の色を変更したい場合は，colorというプロパティを使用
する。[36]

*36 colorプロパ
ティの詳細について
は，4-3-5[1]を参
照のこと。

## ③値

プロパティを具体的にどのように変更するのかを指定するためには，**値**
を使用する。たとえば，colorプロパティが設定されている場合，値にred
と指定すると文字の色を赤にすることができる。

## ④宣言

CSSでは，これらのプロパティと値のセットのことを**宣言**とよぶ。

### [3] 装飾の指定方法

CSSでは，装飾を効率よく行うための指定方法がいくつか用意されて
いる。

## ①複数のセレクタを指定する

複数のセレクタを「，（カンマ）」で区切り，つなげて記述することで指定
した装飾をまとめて適用させることができる。

## ②HTML文書内のすべてのHTML要素に指定する

セレクタ部分に「*（アスタリスク）」を記述することで，そのHTML文書
内にあるすべてのHTML要素に対して装飾を適用することができる。こ
れを**全称セレクタ**とよぶ。

## ③子要素を指定する

親要素のセレクタと子要素のセレクタを半角スペースで区切りながら
記述することで，指定した親要素をもつ子要素にのみ装飾を適用すること
ができる。たとえば，セレクタを「div p」とした場合，div要素を親にもつ
p要素にだけ装飾を適用することができ，div要素を親にもたないp要素
には装飾は適用されない。

## ④複数の宣言（プロパティ：値；）を指定する

1つのセレクタに対して，値を「；（セミコロン）」で区切ることで複数の宣言を指定することができる。適用する装飾をまとめて記述することでCSS全体のコードを短くすることもできる。

## ⑤単位を指定する

文字の大きさや表示領域の横幅，高さを数値で指定する際には単位も指定しなければならない。ただし，指定する数値が0の場合，単位は不要である。表4.5におもな単位を示す。単位を選択する際は，絶対値と相対値[37]にも注意が必要である。

*37 絶対値と相対値については、4-3-5 [2] を参照のこと。

■表4.5―――CSSで指定できるおもな単位

| 単位 | 種類 | 説明 |
|------|------|------|
| px | 絶対値 | ピクセルでサイズを指定。 |
| % | 相対値 | 親要素を基準（100％）とした場合の割合。 |
| rem | 相対値 | html要素の文字の大きさを1とした場合の比率。 |
| vw | 相対値 | 画面（ビューポート）の横幅を100とした場合の割合。 |
| vh | 相対値 | 画面（ビューポート）の高さを100とした場合の割合。 |

## [4] コメント

CSSもHTMLと同様に，制作時のメモなどに活用するためのコメント機能がある。書式はHTMLとは異なり，「／＊（スラッシュ＋アスタリスク）」と，「＊／（アスタリスク＋スラッシュ）」で囲まれた部分が**コメント**となる。また，CSSの一部分を**コメントアウト**することもできる（図4.49）。

```
style.css
1  @charset "UTF-8";
2  /*メモ*/
3  h1{
4    /*color: red;*/
5  }
```

■図4.49―――CSSのコメント機能

## 4-3-3　CSSの適用

Webページに装飾を反映させるためには，HTMLファイルにCSSを正しく適用しなくてはならない。ここでは，CSSをHTMLファイルに適用する3つの手法について解説する。なお，ここで使用するHTMLファイル「index.html」とCSSファイル「style.css」は同じディレクトリ上に保存されているものとする。

## [1] CSSファイルの読み込み

別に用意したCSSファイルをHTMLファイルに読み込ませる手法である。1つのCSSファイルを複数のHTMLファイルに適用させることがで

きるため，Webページごとに CSS ファイルを作成する必要がない。Web ページのデザイン管理などのメンテナンスが容易になるため，Web ページの制作では一般的な手法であり，図4.50 はこの手法で記述した例である。以下に，HTML ファイルに CSS ファイルを読み込ませる手順を解説する。

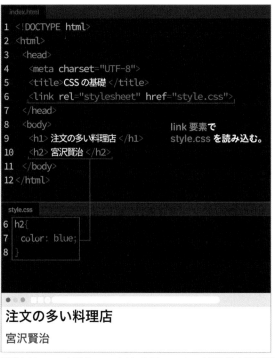

■図4.50————HTML ファイルに CSS ファイルを読み込む際の記述例

### ①link 要素を記述する

HTML 文書の head 要素内に **link 要素**（リンク要素）を記述する。link 要素は，CSS などのファイルを読み込むために使用する HTML 要素である。

### ②rel 属性を記述する

link 要素に **rel 属性**（レル属性）を記述する。rel は relation の略称で，関係性という意味をもち，リンク先とリンク元がどのような関係性であるのかを指定するための属性である。ここでは，CSS ファイルを読み込むため，属性値に「"stylesheet"」と記述する。

### ③href 属性を記述する

rel 属性を記述したあとに，href 属性を記述する。属性値には，読み込む CSS ファイルのファイルパスを指定する。ここでは，HTML ファイルと CSS ファイルは同じディレクトリに保存されているため，「"style.css"」と記述する。

## [2] head要素内への装飾の記述

　HTML文書のhead要素内に**style要素**を使用し，直接装飾を記述する手法である。Webページが1ページしかない場合や，デザインを変更する機会が少ない場合などに使用する。HTMLファイルは外部から読み込ませるCSSファイルが多ければ多いほどWebページの表示に時間がかかるが，この手法を用いることで表示速度が速くなるというメリットがある。図4.51はこの手法を設定した例であり，以下に，HTML要素内に直接装飾を記述する手順を解説する。

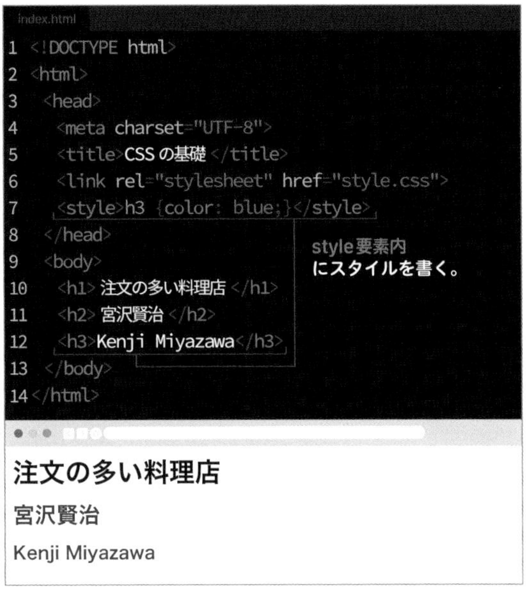

```
index.html
1  <!DOCTYPE html>
2  <html>
3   <head>
4    <meta charset="UTF-8">
5    <title>CSSの基礎</title>
6    <link rel="stylesheet" href="style.css">
7    <style>h3 {color: blue;}</style>
8   </head>
9   <body>
10   <h1>注文の多い料理店</h1>
11   <h2>宮沢賢治</h2>
12   <h3>Kenji Miyazawa</h3>
13  </body>
14 </html>
```

style要素内
にスタイルを書く。

**注文の多い料理店**
宮沢賢治
Kenji Miyazawa

■図4.51──head要素内に直接装飾を指定した際の記述例

### ①head要素内にstyle要素を記述する

　head要素内にstyle要素を記述する。属性の指定はとくに必要ない。

### ②style要素内に装飾を指定する

　CSSファイルに記述した同様の書式で，style要素内に装飾を指定する。

## [3] HTML要素内への装飾の記述

　h要素やp要素などのHTML要素内に**style属性**を記述し，直接装飾を指定する手法である。この手法は装飾を適用する優先順位が高いという特徴があり，既存の装飾を変更せずに一部分の要素だけに装飾を上書きしたい場合などに使用する。図4.52は，この手法を指定した例である。

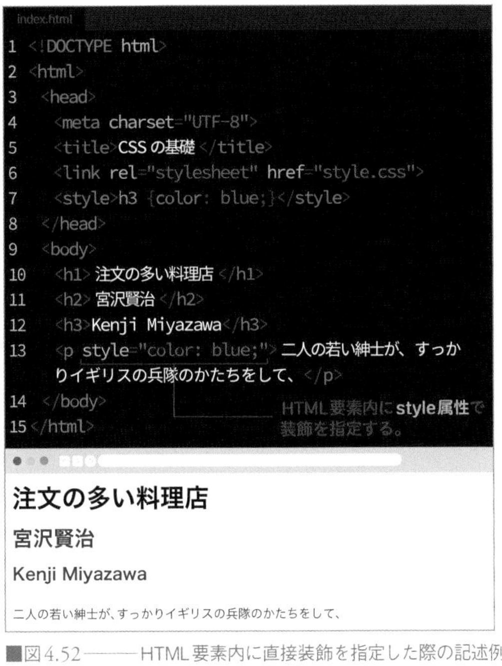

```
index.html
1  <!DOCTYPE html>
2  <html>
3   <head>
4    <meta charset="UTF-8">
5    <title>CSSの基礎</title>
6    <link rel="stylesheet" href="style.css">
7    <style>h3 {color: blue;}</style>
8   </head>
9   <body>
10   <h1>注文の多い料理店</h1>
11   <h2>宮沢賢治</h2>
12   <h3>Kenji Miyazawa</h3>
13   <p style="color: blue;">二人の若い紳士が，すっかりイギリスの兵隊のかたちをして、</p>
14  </body>
15 </html>
```

HTML要素内にstyle属性で
装飾を指定する。

**注文の多い料理店**
宮沢賢治
Kenji Miyazawa

二人の若い紳士が、すっかりイギリスの兵隊のかたちをして、

■図4.52──HTML要素内に直接装飾を指定した際の記述例

107

## 4-**3**-**4**　クラスとID

4-3-2［3］で解説した装飾の指定方法では，たとえばp要素への装飾を
すると，すべてのp要素が同じ装飾で統一されるが，特定のp要素の装飾
を変更したい場合は，**クラスやID**を使用することで特定のp要素（HTML
要素）に装飾を適用することができる。Webデザインでは，クラスを使用
した装飾指定を最も多く利用するため，クラスのしくみを理解しているこ
とが重要である。

### ［1］クラスによる装飾の指定

クラスを使用する場合は，装飾を指定したいHTML要素に**class属性**
を記述する。class属性の値は任意のクラス名を記述でき，CSSのセレク
タに「.（ドット）＋クラス名」を記述することで，class属性を設定した
HTML要素に装飾を指定することができる。この「.（ドット）＋クラス名」

で指定したセレクタのことを**classセレ
クタ**とよぶ。たとえば，h1要素にclass
属性を使用し，「"blue"」と記述した場
合，CSSに記述するclassセレクタは，
「.blue」となる。複数のクラスをHTML
要素に適用させたい場合は，クラス名
の間に半角スペースを空けてクラス名
を記述していく。図4.53は，クラスを
使用した例である。

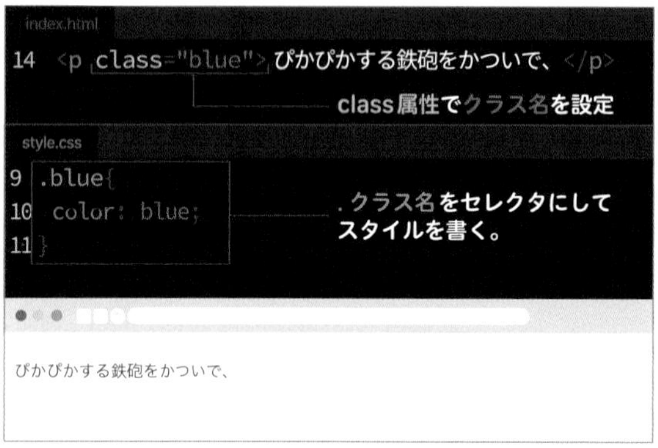

■図4.53———クラスによる装飾を指定した際の表示例

### ［2］IDによる装飾の指定

＊38 IDはHTML
やCSS以外にも，
JavaScriptなどのプ
ログラムを使用する
際に要素を指定する
ための目印のように
使われることが多い。

4-2-5［2］で解説したIDは，a要素を使用してページ内リンクを作成す
る方法であったが，IDはクラスと同じように装飾を適用する用途にも使用
することができる[38]。基本的にはクラスの設定と同様に特定のHTML要素
にid属性を追加し，任意のID名を設定する。ただし，設定したID名はそ
のHTMLファイル内では一度しか使
用できない点と，CSSに記述する際のセ
レクタは「#（シャープ）＋ID名」を使用
する点が異なる。この「#（シャープ）＋
ID名」で指定したセレクタのことを**id
セレクタ**とよぶ。図4.54は，IDを使用
した例である。

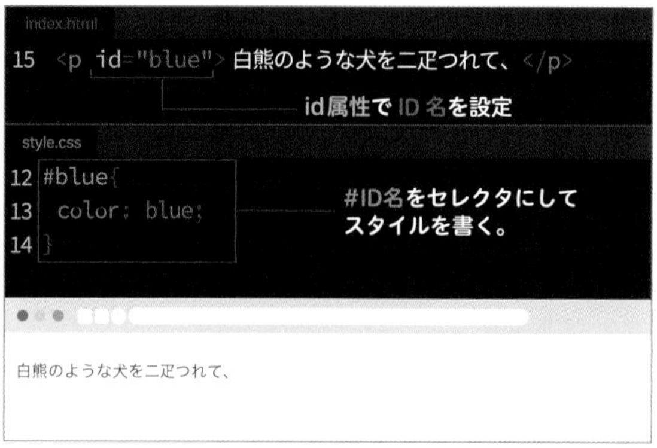

■図4.54———IDによる装飾を指定した際の表示例

CSSはコードの1行目から順に読み込まれていく。その性質上、1つの要素に異なる装飾を複数適用させた場合は、あとに記述した装飾が適用される。もし、装飾を複数の方法で適用させた場合は、図4.55に示す優先順位で装飾が適用されることになる（図4.55）。

```
index.html
16    <p class="olive" id="yellow"
      style="color: red;">だいぶ山奥の、</p>
```

```
style.css
15 .olive{
16  color: olive;
17 }
18 #yellow{
19  color: yellow;
20 }
21 p{
22  color: blue;
23 }
```

優先順位は
① style 属性
② id 属性
③ class 属性
④ p 要素
となるため
文字色は red になる。

だいぶ山奥の、

■図4.55———読み込まれる装飾の優先順位とその表示例

ただし、宣言に「!important」を付けることで、強制的にその装飾の適用順位を最優先にすることができる。[*39]「!important」を使用する場合は、値の後ろに半角スペースを空けて記述する（図4.56）。

```
index.html
16    <p class="olive" id="yellow"
      style="color: red;">だいぶ山奥の、</p>
```

```
style.css
15 .olive{
16  color: olive;
17 }
18 #yellow{
19  color: yellow;
20 }
21 p{
22  color: blue !important;
23 }
```
半角スペース

!important をつけた
装飾が最優先される。

だいぶ山奥の、

■図4.56———!important を使用した際の表示例

*39 !importantは
CSSの継承ルール
や制作途中の装飾の
優先度も無視されて
しまうため、注意が
必要である。どうし
ても指定したCSS
が反映されないとき
などの切り札に留め
るべきである。

ここでは，CSSによる文字の色や大きさなどの装飾，および指定の際に必要となる単位について解説する。

## [1] 文字の色

文字の色を指定するには，**color**プロパティを使用する。色の指定方法としておもに色の名前，カラーコード，RGB値（RGBA値）がある（図4.57）。

図4.58に，値に記述するおもな色の指定方法をまとめている。

■図4.57──色の指定方法と表示例

| 色の名前 | カラーコード | RGB 値 |
|---|---|---|
| white | #ffffff | rgb(255,255,255) |
| silver | #c0c0c0 | rgb(192,192,192) |
| gray | #808080 | rgb(128,128,128) |
| black | #000000 | rgb(0,0,0) |
| red | #ff0000 | rgb(255,0,0) |
| orange | #ffa500 | rgb(255,165,0) |
| yellow | #ffff00 | rgb(255,255,0) |
| lime | #00ff00 | rgb(0,255,0) |
| green | #008000 | rgb(0,128,0) |
| olive | #808000 | rgb(128,128,0) |
| teal | #008080 | rgb(0,128,128) |
| aqua | #00ffff | rgb(0,255,255) |
| blue | #0000ff | rgb(0,0,255) |
| navy | #000080 | rgb(0,0,128) |
| fuchsia | #ff00ff | rgb(255,0,255) |
| purple | #800080 | rgb(128,0,128) |
| maroon | #800000 | rgb(128,0,0) |

■図4.58──色の指定に使用できるおもな値

### ①色の名前

値にred，green，blueなど，具体的な**色の名前**を指定する。

### ②カラーコード

Webデザインでは最も一般的な指定方法であり，「#（ハッシュ）」から始まる6桁の**カラーコード**で色を指定する。この6桁は，Rの値，Gの値，Bの値が順に2桁ずつ割り振られており，それぞれの値に0〜9の数字と，a〜fのアルファベットの16文字を組み合わせることで色を表現する[40]。0に近いほど暗く，fに近いほど明るくなる。

\*40 カラーコードは，16進トリプレット表記ともよばれる。

### ③RGB値（RGBA値）

　RGB値とは光の三原色であるRed, Green, Blueのそれぞれの値を0～255の数値で表したものである。また，RGBA値ではRGBに透明度（アルファ値）を追加して記述することもできる。透明度は0（透明）～1（不透明）の間で記述し，透明度を半分にしたい場合は0.5とする。なお，CSSでは値が小数点以下の場合，一の位の0を省略することができ，たとえば「0.5」は「.5」と記述することもできる。

## ［2］文字の大きさ

　文字の大きさ（**フォントサイズ**）を指定するには，**font-sizeプロパティ**を使用する。大きさの指定方法には，数値に単位を付けて指定する方法とキーワードで指定する方法がある。単位には絶対単位と相対単位の2種類がある。**絶対単位**とは，**継承**の状態やWebブラウザの設定などに依存せず，**絶対値**としてサイズを指定するものである。それに対して**相対単位**は，継承の状態やWebブラウザの設定などによる現在の値への**相対値**としてサイズを指定する。

### ①pxで指定する

　**px**（ピクセル）は絶対値の特性をもつ単位であり，pxで文字の大きさを指定すると，どのような閲覧機器を用いても指定した大きさで表示される（図4.59）。

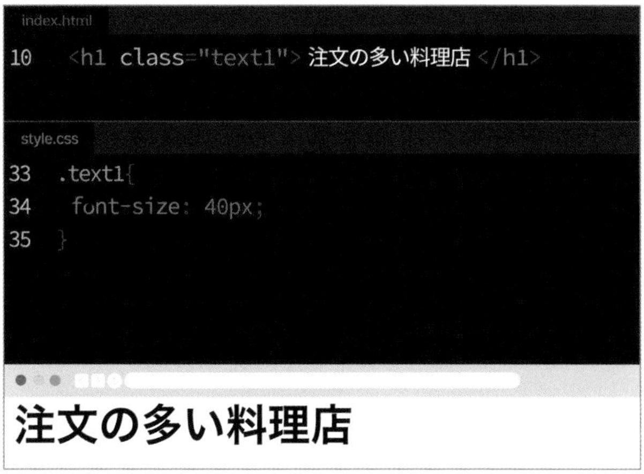

■図4.59──pxで指定した際の表示例

### ②remで指定する

　**rem**（レム）は相対値の特性をもつ単位であり，html要素で設定された文字の大きさを基準とする。たとえば，図4.60のようにhtml要素のfont-sizeプロパティの値を変更すると，それにともなってremで指定した文字の大きさも変化する。

*41 CSSでは基本的に親要素で指定した装飾情報は，子要素にも引き継がれる性質がある。便宜上，一部のプロパティや値は引き継がれないものもある。

*42 pixelの略称である。

*43 Webブラウザによっては，絶対値で指定しても必ずしもその数値で表示されないこともある。

*44 root emの略称である。

111

```
index.html
11    <h2 class="text2">宮沢賢治</h2>
12    <h3 class="text3">Kenji Miyazawa</h3>
```

```
style.css                          style.css
36 html{                           36 html{
37   font-size: 100%;              37   font-size: 150%;
38 }                               38 }
39 .text2{                         39 .text2{
40   font-size: 1.5rem;            40   font-size: 1.5rem;
41 }                               41 }
42 .text3{                         42 .text3{
43   font-size: 1rem;              43   font-size: 1rem;
44 }                               44 }
45 p{                              45 p{
46   font-size: .8rem;             46   font-size: .8rem;
47 }                               47 }
```

宮沢賢治                            宮沢賢治
Kenji Miyazawa                     Kenji Miyazawa

html要素のフォントサイズを変更すると相対的に
remで指定した文字の大きさが変わる。

■図4.60────remで指定した際の表示例
「font-size: 100%;」と記述するとWebブラウザの標準、もしくはユーザが設定している
フォントサイズで表示させることができる。

### ③キーワードで指定する

　文字の大きさは，small, medium, largeなどのキーワードで指定する
こともできる。キーワードは以下のmediumを標準とした7段階による絶
対値の特性をもつものと，親要素で指定されているフォントサイズと比較
して大きさを変更できる相対値の特性をもつものがある。

　■mediumを標準とした7段階のキーワード
　xx-small, x-small, small, medium, large, x-large, xx-large

　■親要素のフォントサイズと比較して大きさを変更できるキーワード
　larger, smaller

### [3] 文字の太さ

　文字の太さ（**ウェイト**）を指定するには，**font-weight**プロパティを使用
する。値の指定方法には，キーワードと数値がある。キーワードでは既定
値のnoramlと太字のboldと，基準の要素から比較して太さを変更する
lighterとbolderがある。数値で指定する場合は1〜1,000の数値で指定
する。いずれも，太字や細字などを備えているフォントファミリでなけれ
ば装飾が適用されないため，注意が必要である（図4.61）。

```
index.html
20    <p class="text4">「ぜんたい、ここらの山は怪しか
      らんね。鳥も獣も一疋も居やがらん。なんでも構わないから、
      早くタンタアーンと、やって見たいもんだなあ。」</p>
```

```
style.css
48    .text4{
49    font-weight: bold;
50    }
```

**「ぜんたい、ここらの山は怪しからんね。鳥も獣も一疋も居やがらん。なんでも構わないから、早くタンタアーンと、やって見たいもんだなあ。」**

■図4.61────font-weight プロパティの値に bold を指定した際の表示例

## [4] 行間と字間

　テキストの行間を指定するには，line-heightプロパティ（ラインハイトプロパティ）を使用する。値の指定方法には，キーワード（normalのみ）と数値の2つがあるが，数値の場合は単位を付ける方法と付けない方法がある。単位を付けた数値の場合は，指定した数値とその単位に基づいた表示になるが，単位を付けずに数値のみで指定した場合は，フォントサイズを基準とした比率によって行間が設定される。

　字間の指定には，letter-spacingプロパティ（レタースペーシングプロパティ）を使用し，値には数値に単位を付けて指定する（図4.62）。

```
index.html
21    <p class="text4">「ぜんたい、ここらの山は怪しか
      らんね。鳥も獣も一疋も居やがらん。なんでも構わないから、
      早くタンタアーンと、やって見たいもんだなあ。」</p>
```

```
style.css
48    .text4{
49    font-weight: bold;
50    line-height: 2;
51    letter-spacing: .5rem;
52    }
```

**「ぜんたい、ここらの山は怪しからんね。鳥も獣も一疋も居やがらん。なんでも構わないから、早くタンタアーンと、やって見たいもんだなあ。」**

■図4.62────行間と字間を調整した際の表示例

## [5] 文字の揃え

文字の揃えを指定するには，**text-align**プロパティ（テキストアラインプロパティ）を使用する。値には，キーワードを指定する。図4.63に文字を中央揃えにした例，表4.6にtext-alignプロパティで指定できるおもな値を示す。

```
index.html
10    <h1 class="text1">注文の多い料理店</h1>
11    <h2 class="text2">宮沢賢治</h2>
12    <h3 class="text3">Kenji Miyazawa</h3>

style.css
53 h1,h2,h3{
54   text-align: center;
55 }
```

■図4.63———文字に中央揃えを指定した際の表示例

■表4.6———text-alignプロパティのおもな値

| 値 | 説明 |
|---|---|
| left | 左寄せ |
| center | 中央揃え |
| right | 右寄せ |
| justify | 両端揃え |

## [6] フォント

フォントを指定するには，**font-family**プロパティを使用する。値の指定方法にはキーワードか，具体的なフォントファミリ名を指定する方法がある。フォントを指定するためのキーワードのことを**総称ファミリ名**とよび，セリフ体，サンセリフ体，等幅など，フォントをその形状から大まかに分類したものである。総称ファミリ名は，Webページに表示されるフォントを大まかに指定する場合，または指定したフォントが表示されなかった際に代替フォントとして表示させる目的で使用される。表4.7におもな総称ファミリ名を示す。

具体的なフォントを指定する場合は，**フォントファミリ名**で指定する。フォントファミリ名で指定する際は，総称ファミリ名と区別するために「"（ダブルコーテーション）」，または「'（シングルコーテーション）」で囲む必要がある。ただし，指定したフォントがユーザの環境にない場合は，Webブラウザの標準フォントで表示される。フォントファミリ名は複数指定することもでき，その場合は「,（カンマ）」で区切り，フォントファミリ名を記述する[*45]。フォントファミリ名で指定した場合でも指定したフォントが正しく表示されない場合もあるため，値の最後に総称ファミリ名もあわせて記述しておくのがよい（図4.64）。

\*45 フォントを指定した際の優先順位は左から順に高くなる。

■表4.7———おもな総称ファミリ名

| 総称ファミリ名 | 説明 |
|---|---|
| serif | セリフ体（明朝体） |
| sans-serif | サンセリフ体（ゴシック体） |
| monospace | 等幅 |
| cursive | 筆記体 |
| fantasy | 装飾系 |

```
index.html
10    <h1 class="text1"> 注文の多い料理店 </h1>
11    <h2 class="text2"> 宮沢賢治 </h2>
12    <h3 class="text3">Kenji Miyazawa</h3>
```

```
style.css
53 h1,h2,h3{
54   text-align: center;
55   font-family: "YuMincho","Yu Mincho",serif;
56 }
```

# 注文の多い料理店
## 宮沢賢治
### Kenji Miyazawa

■図4.64―――font-family プロパティの値にフォントファミリ名と総称ファミリ名を指定した際の表示例
フォントファミリ名は左からmacOS用，Windows OS用の游明朝を指定している。

## [7] Webフォント

**Webフォント**とは，Webサーバ上に配置されたフォントのことである。Webページにフォントファイルを読み込ませることでユーザ環境に依存せずに制作者の意図したフォントを表示させることができる。ここでは，「Google Fonts」というWebフォントのサービスを使用してWebフォントを読み込ませる手順を解説する。

### ①「Google Fonts」にアクセスする

・「Google Fonts」URL

https://fonts.google.com/

### ②使用するWebフォントを選ぶ

ここでは，「Noto Sans JP」というフォントを使用する。「Google Fonts」のWebサイト内で「Noto Sans JP」を検索し，フォントの詳細ページまで進むと複数のウェイトが表示されるため，ここでは400と700のウェイトを選択する[*46]。フォントの選択を行うとHTMLファイルに読み込ませるためのlink要素のコードをコピーできるようになるため，これをすべてコピーする。

### ③Webフォントを読み込ませる

Webフォントを読み込ませたいHTMLファイルのhead要素内に，先ほどコピーしたlink要素のコードを貼り付ける（図4.65）。以降は，通常のフォントの設定どおりにfont-familyプロパティで「"Noto Sans JP"」と記述する（図4.66）。

*46 すべてのウェイトを選択することもできるが，不必要に多くのウェイトを読み込ませるとフォントの読み込みに時間がかかってしまうため注意が必要である。

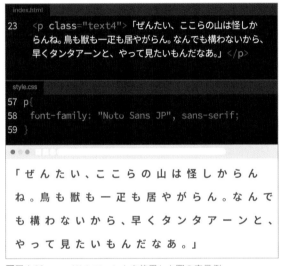

```
index.html
1  <!DOCTYPE html>
2  <html>
3   <head>
4    <meta charset="UTF-8">
5    <title>CSSの基礎</title>
6    <link rel="stylesheet" href="style.css">
7    <style>h3 {color: blue;}</style>
8    <link rel="preconnect"
     href="https://fonts.googleapis.com">
9    <link rel="preconnect"
     href="https://fonts.gstatic.com"
     crossorigin>
10   <link
     href="https://fonts.googleapis.com/css2?fami
     ly=Noto+Sans+JP:wght@400;700&display=swap"
     rel="stylesheet">
11  </head>
```

■図4.65―――Webフォントを読み込ませる際の記述例

```
index.html
23   <p class="text4">「ぜんたい、ここらの山は怪しか
     らんね。鳥も獣も一疋も居やがらん。なんでも構わないから、
     早くタンタアーンと、やって見たいもんだなあ。」</p>
```

```
style.css
57  p{
58   font-family: "Noto Sans JP", sans-serif;
59  }
```

「ぜんたい、ここらの山は怪しからん
ね。鳥も獣も一疋も居やがらん。なんで
も構わないから、早くタンタアーンと、
やって見たいもんだなあ。」

■図4.66―――Webフォントを使用した際の表示例

## 4-3-**6**　リストの装飾

　ここでは，HTMLで作成したリストのマーカの装飾をCSSで変更する
方法と，リストの位置調整について解説する。

### [1] リストマーカの種類の変更

　リスト項目の先頭に表示されるマークを**リストマーカ**とよぶ。このリス
トマーカは，**list-style-type**プロパティでさまざまな種類のデザインに変
更することができる（図4.67）。表4.8にlist-style-typeプロパティのおも
な値を示す。

```
index.html
24  <ul class="list1">
25    <li>リスト 1-1</li>
26    <li>リスト 1-2</li>
27    <li>リスト 1-3</li>
28  </ul>
```

```
style.css
60  .list1{
61    list-style-type: circle;
62  }
```

○ リスト1-1
○ リスト1-2
○ リスト1-3

■図4.67―――list-style-type プロパティの値に circle を指定した際の表示例

■表4.8―――list-style-type プロパティのおもな値

| 値 | マーカ | 説明 |
|---|---|---|
| none |  | 表示なし |
| disc（初期値） | ● | 黒丸 |
| circle | ○ | 白丸 |
| square | ■ | 黒四角 |
| lower-alpha, lower-latin | a, b, c | 小文字アルファベット |

## [2] リストマーカを画像に変更

リストマーカに画像を指定するには，**list-style-image** プロパティを使用する。ここでは，リストマーカ用の画像として，サンプルデータ内の「marker.svg」を使用する。値である url には，表示する画像ファイルへのファイルパスを指定する（図4.68）。

```
index.html
29  <ul class="list2">
30    <li>リスト 2-1</li>
31    <li>リスト 2-2</li>
32    <li>リスト 2-3</li>
33  </ul>
```

```
style.css
63  .list2{
64    list-style-image: url(marker.svg);
65  }
```

🔗 リスト2-1
🔗 リスト2-2
🔗 リスト2-3

■図4.68―――list-style-image プロパティを使用した際の表示例

## [3] リスト位置の調整

リストマーカの表示位置を指定するには，**list-style-position** プロパティを使用する。値を inside にすると，マーカがリスト項目の領域の内側に表示される（図4.69）。

```
index.html
34  <ul class="list3">
35    <li>リスト3-1</li>
36    <li>リスト3-2</li>
37    <li>リスト3-3</li>
38  </ul>
```

```
style.css
66  .list3{
67    list-style-position: inside;
68  }
```

- リスト3-1
- リスト3-2
- リスト3-3

■図4.69———list-style-position プロパティを使用した際の表示例

## [4] リストの装飾の一括指定

リストの装飾に関する指定をまとめて適用するには，**list-style** プロパティを使用する（図4.70）。値は順不同でもよいが半角スペースで区切りながら指定する必要がある。

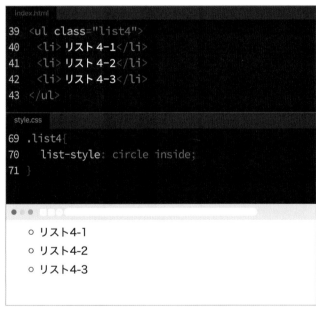

```
index.html
39  <ul class="list4">
40    <li>リスト4-1</li>
41    <li>リスト4-2</li>
42    <li>リスト4-3</li>
43  </ul>
```

```
style.css
69  .list4{
70    list-style: circle inside;
71  }
```

○ リスト4-1
○ リスト4-2
○ リスト4-3

■図4.70———list-style プロパティを使用した際の表示例

　HTML要素は, **ボックス**という長方形の領域を生成する性質をもつ。このボックスには, ブロックボックスとインラインボックスの2種類の表示形式がある。CSSでは, このボックスの性質を理解することでWebページのレイアウトが可能になる。ここでは, サンプルデータを使用してブロックボックスとインラインボックスの表示形式の性質について解説する。

## [1] ブロックボックス

　**ブロックボックス**は, 図4.71に示すように要素どうしが縦方向（上から下）に並ぶ性質があり, **width**プロパティ（ウィドゥスプロパティ）で幅を, **height**プロパティ（ハイトプロパティ）で高さを指定することができる（図4.72）。代表的なブロックボックスのHTML要素に, h要素, p要素, ol要素, ul要素, table要素, form要素, div要素などがある。

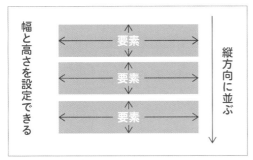

■図4.71―――――ブロックボックスの特徴

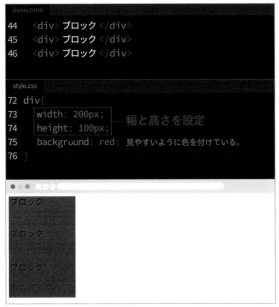

■図4.72―――――幅と高さを設定した際のブロックボックスの表示例

## [2] インラインボックス

**インラインボックス**は，図4.73に示すように要素どうしが横方向（左から右へ）に並ぶ性質があり，ボックスの幅と高さはコンテンツに応じる。代表的なインラインボックスのHTML要素に，a要素，br要素，img要素，input要素，label要素，small要素，span要素などがあるが，img要素，input要素などの一部のHTML要素には幅と高さの設定が可能なものもある。図4.74にインラインボックスを指定した表示例を示す。

■図4.73——インラインボックスの特徴

■図4.74——インラインボックスを使用した際の表示例

## [3] ボックスの形式の変更

ボックスの形式を指定するには，**display**プロパティを使用する。値をblockにするとブロックボックスに，inlineにするとインラインボックスに，inline-blockにするとインラインブロックに変更することができる。**インラインブロック**では，インラインボックスのように要素どうしを横方向に並べることができ，ブロックボックスのように幅や高さを設定することができる（図4.75）。図4.76にインラインブロックを指定した表示例を示す。

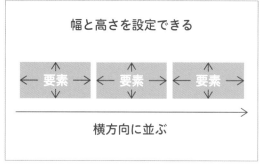

■図4.75——インラインブロックの特徴

```
index.html
44  <div class="block"> ブロック </div>
45  <div class="block"> ブロック </div>
46  <div class="block"> ブロック </div>
47  <span class="inline"> インライン </span>
48  <span class="inline"> インライン </span>
49  <span class="inline"> インライン </span>
```

```
style.css
72  .block{
73      width: 200px;
74      height: 100px;
75      background: red;
76      display: inline-block;            div要素が
77  }                                     横方向に並ぶようになる。
78  .inline{
79      background: blue;
80      display: inline-block;            span要素に
81      width: 200px;                     幅と高さを設定できるよう
82      height: 100px;                    になる。
83  }
```

■図4.76──────インラインブロックを使用した際の表示例

## [4] ボックスモデル

ボックスは内側からコンテンツ，パディング，ボーダー，マージンの4つの領域で構成される。この構成のことを**ボックスモデル**とよぶ（図4.77）。HTML要素の内容は**コンテンツ**領域に表示され，コンテンツ領域からボーダーまでの空間を**パディング**領域とよぶ。**ボーダー**は，パディング領域の外側に引かれる罫線のことであり，**マージン**は，ボーダーから隣接するほかのHTML要素との間に空間を設けるための領域のことである。

CSSで思いどおりのレイアウトを行うためには，このボックスモデルの理解が不可欠である。それぞれの領域（余白）の調整方法については，4-3-10で解説する。

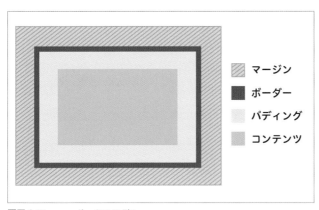

マージン
ボーダー
パディング
コンテンツ

■図4.77──────ボックスモデル

多くのWebブラウザには**開発者ツール**という機能があり，表示している Webページの HTML や CSS，ボックスモデルを確認することができる（図4.78）。制作中のWebページや，Webデザインの学習においても重宝する機能であるため，使用しているWebブラウザの開発者ツールの使い方を調べておくとよい。

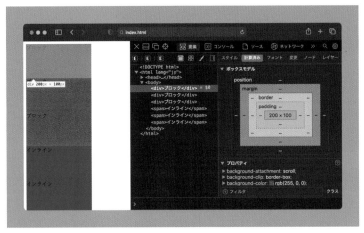

■図4.78———開発者ツールを使用した際の表示例

## 4-3-8　背景

CSSでは，Webページの背景を色や画像を用いて装飾することができる。ここでは，CSSによる背景の装飾方法について解説する。

### [1] 背景色の設定

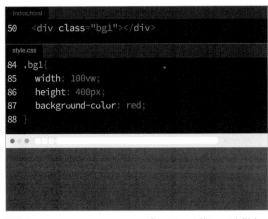

背景色を指定するには，**background-color**プロパティを使用する。値の指定方法は，4-3-5[1]で文字の色を変更する際に使用したcolorプロパティと同様に，色の名前，カラーコード，RGB値（RGBA値）の3つがある。たとえば，背景色を赤にしたい場合は図4.79のように指定をする。

■図4.79———background-color プロパティの値に red を指定した際の背景色の表示例

## [2] 背景画像の設定

ここでは，背景に画像を利用するための指定方法を解説する。

### ①背景画像を読み込む

背景に画像を指定するには，background-image プロパティを使用する。指定方法は，値に画像ファイルが保存されているファイルパスを指定する。背景画像は，図4.80に示すように指定したHTML要素の背景を埋め尽くすように繰り返し表示される。また，画像が何らかの理由で読み込まれなかった場合を想定し，background-color プロパティを使用して背景色をあわせて指定しておくとよい。ここでは，背景用の画像ファイルとしてサンプルデータ内の「bg.png」を使用する。「bg.png」は，「index.html」や「style.css」と同じディレクトリに保存する。

```
index.html
50    <div class="bg1"></div>

style.css
84  .bg1{
85    width: 100vw;
86    height: 400px;
87    background-color: red;
88    background-image: url(bg.png);
89  }
```

■図4.80————背景に画像を指定した際の表示例

### ②背景画像の繰り返し方を指定する

背景画像の繰り返し方を指定するには，background-repeat プロパティを使用する（図4.81）。値はキーワードで，繰り返す方向や繰り返しの有無を指定する。表4.9に background-repeat プロパティのおもな値を示す。

```
index.html
50    <div class="bg1"></div>

style.css
84  .bg1{
85    width: 100vw;
86    height: 400px;
87    background-color: red;
88    background-image: url(bg.png);
89    background-repeat: no-repeat;
90  }
```

■表4.9————background-repeat プロパティのおもな値

| 値 | 説明 |
|---|---|
| repeat | 縦・横方向に繰り返す。 |
| repeat-x | 横方向に繰り返す。 |
| repeat-y | 縦方向に繰り返す。 |
| no-repeat | 繰り返さない。 |

■図4.81————background-repeat プロパティの値にno-repeatを指定した際の表示例

123

## ③背景画像の表示位置を指定する

背景画像の表示位置を指定するには，background-positionプロパティを使用する。値には，横方向と縦方向の表示位置を半角スペースで区切りながら記述する。たとえば，左上ならleft top，右下ならright bottomのように記述する。図4.82は，背景画像を上下，左右を中央に指定した記述である。表4.10に，background-positionプロパティで指定できる表示位置の値を示す。

■図4.82———background-positionプロパティの横方向と縦方向の値にcenterを指定した際の表示例

■表4.10———background-positionプロパティの値

| 表示位置 | 値の種類 |
|---|---|
| 横方向 | left, center, right |
| 縦方向 | top, center, bottom |

## ④背景画像の大きさを指定する

背景画像の大きさを指定するには，background-sizeプロパティを使用する。単位を付けた数値で指定したり，coverやcontainといったキーワードで指定する。

値をcoverにすると画像の縦横比を保持して，背景の表示領域をすべて覆うように背景画像が表示され，表示領域外の画像は見切れる（図4.83）。

■図4.83———background-sizeプロパティの値にcoverを指定した際の表示例

値をcontainにすると画像の縦横比を保持して，背景の表示領域に画像がすべて収まるように表示され，背景画像より表示領域が大きい場合は余白となる（図4.84）。

■図4.84——background-sizeプロパティの値にcontainを指定した際の表示例

### ⑤背景の装飾を一括指定する

　背景に関する装飾をまとめて指定するには，**background**プロパティを使用する。値は半角スペースで区切りながら記述する。ただし，background-sizeの指定を記述する際は，backgroundのあとに「/（スラッシュ）」で区切りながら記述する必要がある（図4.85）。

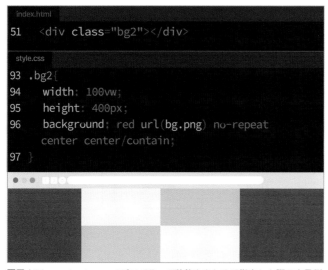

■図4.85——backgroundプロパティで装飾をまとめて指定した際の表示例

　表やボックスなどで表示される線（罫線）のサイズ設定や装飾もCSSの役割になる。Webデザインでは，これらの線のことをボーダーともよぶ。ここでは，CSSによる線（罫線）の装飾方法について解説する。

### [1] 線の種類

　HTML要素に線を引くには，**border-style**プロパティを使用し，値はキーワードで指定する。表4.11にborder-styleプロパティのおもな値と，図4.86にその表示例を示す。

■表4.11——border-style プロパティのおもな値

| 値 | 線の種類 |
|---|---|
| solid | 実線 |
| double | 2本線 |
| dotted | 点線 |
| dashed | 破線 |
| groove | 谷線 |
| ridge | 山線 |
| inset | 立体的に窪んだ線 |
| outset | 立体的に隆起した線 |

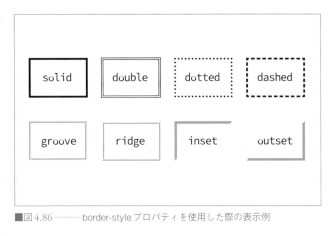

■図4.86——border-style プロパティを使用した際の表示例

### [2] 線の太さ

　線の太さを指定するには，**border-width**プロパティを使用し，値は単位を付けた数値かキーワードで指定する。表4.12にborder-widthプロパティの値と，図4.87にその表示例を示す。

■表4.12——border-width プロパティの値

| 値 | 線の太さ |
|---|---|
| thin | 細い |
| medium（初期値） | 普通の線 |
| thick | 太い線 |

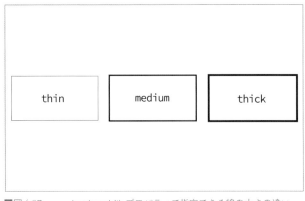

■図4.87——border-width プロパティで指定できる線の太さの違い

## [3] 線の色

　線の色を指定するには，**border-color**プロパティを使用する（図4.88）。色の指定方法には，4-3-5［1］で文字の色を変更する際に使用したcolorプロパティと同様に，色の名前，カラーコード，RGB値（RGBA値）がある。

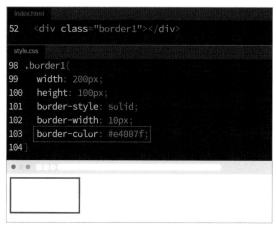

```
index.html
52    <div class="border1"></div>

style.css
98  .border1{
99    width: 200px;
100   height: 100px;
101   border-style: solid;
102   border-width: 10px;
103   border-color: #e4007f;
104 }
```

■図4.88———border-color プロパティにカラーコードを指定した際の表示例

## [4] 指定の辺のみに線を引く

　ある特定の辺に線を引いたり，装飾を適用する場合には，**border**プロパティに辺を加えたプロパティにする。たとえば，下の辺のみに線を引きたい場合は，図4.89に示すようにborder-bottomを記述し，さらにwidthやcolorを指定することで個別に装飾を指定することができる（表4.13）。なお，図4.90に示すようにボーダーの四辺，または指定の辺への装飾は，値に半角スペースを空けて記述することでまとめて装飾することができる。

```
index.html
53    <div class="border2"></div>

style.css
105 .border2{
106   width: 200px;
107   height: 100px;
108   border-bottom-width: 10px;
109   border-bottom-style: solid;
110   border-bottom-color: #e4007f;
111 }
```

下辺を指定する場合は「-bottom」を挿入する。

■図4.89———下辺の装飾を指定した際の表示例

■表4.13———各辺のプロパティ

| プロパティ | 指定できる辺 |
|---|---|
| border | 四辺すべて |
| border-top | 上辺 |
| boder-bottom | 下辺 |
| boder-left | 左辺 |
| boder-right | 右辺 |

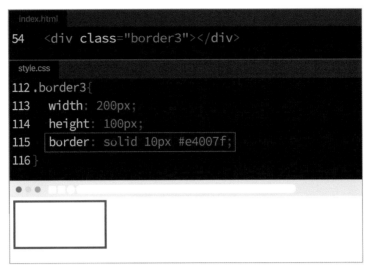

■図4.90————ボーダーの装飾をまとめて指定した際の表示例

### 4-3-10　余白

　基本的にCSSでのレイアウトはボックスの積み重ねによるものになるため、ボックスモデルの余白を自在にコントロールすることが重要である。ここでは、CSSによるレイアウト方法の1つとして、ボックスモデルの各領域の余白をコントロールする手法について解説する。

#### [1] マージン

　**マージン**とは、HTML要素のボーダーより外側につくられる余白の領域のことで、**margin**プロパティを使用してサイズを指定することができる。表4.14にmarginプロパティの一覧を示す。値には単位を付けた数値や、自動で余白を調整するautoを使用する（図4.91）。なお、HTML要素がインラインブロックの場合、マージンは左右にのみ適用される。
　マージン領域には**マージンの相殺**という性質があり、複数の要素が垂直に並んだ際、それぞれの下マージンと上マージンのうち大きいほうが適用され、小さいほうは相殺により適用されなくなる（図4.92）。

■表4.14————marginプロパティ

| プロパティ | 説明 |
| --- | --- |
| margin | 要素の外側の余白。上・右・下・左の順に半角スペースで区切って値を指定する。 |
| margin-top | 要素の上外側の余白。 |
| margin-bottom | 要素の下外側の余白。 |
| margin-left | 要素の左外側の余白。 |
| margin-right | 要素の右外側の余白。 |

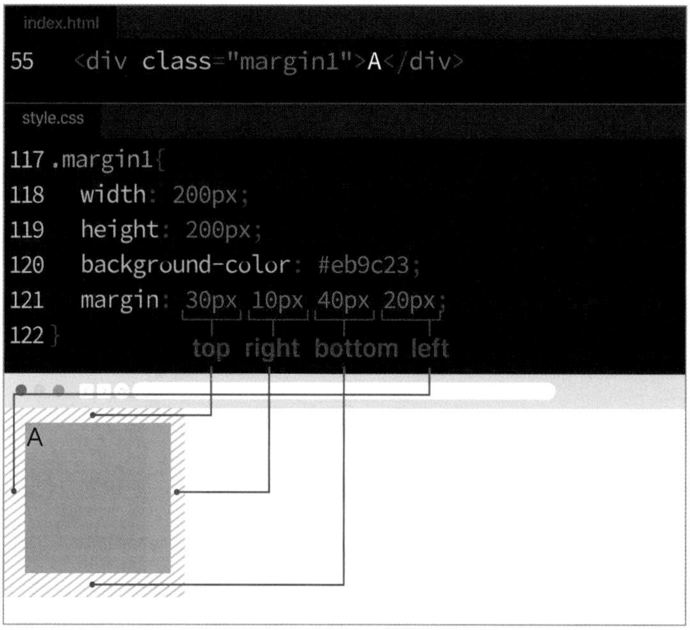

```
index.html
55    <div class="margin1">A</div>

style.css
117 .margin1{
118    width: 200px;
119    height: 200px;
120    background-color: #eb9c23;
121    margin: 30px 10px 40px 20px;
122 }
             top  right  bottom  left
```

A

■図4.91───────marginプロパティの各余白の値に数値を指定した際の表示例

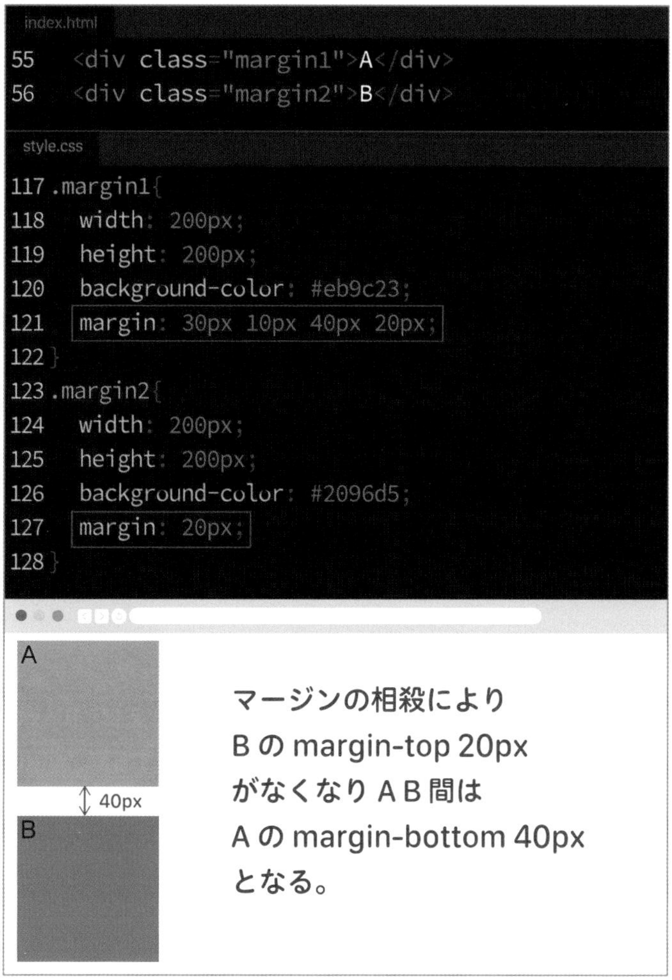

```
index.html
55    <div class="margin1">A</div>
56    <div class="margin2">B</div>

style.css
117 .margin1{
118    width: 200px;
119    height: 200px;
120    background-color: #eb9c23;
121    margin: 30px 10px 40px 20px;
122 }
123 .margin2{
124    width: 200px;
125    height: 200px;
126    background-color: #2096d5;
127    margin: 20px;
128 }
```

A

↕ 40px

B

マージンの相殺により
B の margin-top 20px
がなくなり A B 間は
A の margin-bottom 40px
となる。

■図4.92───────マージンの相殺

## [2] パディング

　パディングとは，HTML要素のボーダーより内側の余白の領域である。この領域は，paddingプロパティで余白のサイズを指定することができる（図4.93）。表4.15にpaddingプロパティの一覧を示す。

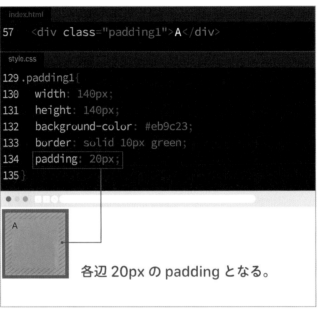

■図4.93———paddingプロパティの値に数値を指定した際の表示例

■表4.15———paddingプロパティ

| プロパティ | 説明 |
| --- | --- |
| padding | 要素の内側の余白。上・右・下・左の順に半角スペースで区切って値を指定する。 |
| padding-top | 要素の上内側の余白。 |
| padding-bottom | 要素の下内側の余白。 |
| padding-left | 要素の左内側の余白。 |
| padding-right | 要素の右内側の余白。 |

## [3] ボックスサイズの計算

　ボックスの大きさはボックスモデルを構成するコンテンツ，パディング，ボーダー，マージンの4領域のサイズの合計となる。たとえば，10pxのボーダー，20pxのパディングをもつ200pxの正方形を作成する際，widthプロパティとheightプロパティは140pxに指定することになる。Webデザインでは，このようなボックスサイズの計算作業がつねにともなう。

　この計算作業を容易にするためにbox-sizingプロパティを使用する。このプロパティの値をborder-boxに指定するとパディング領域とボーダー領域がコンテンツ領域に含まれるようになるため，ボックスのサイズ計算が容易になる（図4.94）。

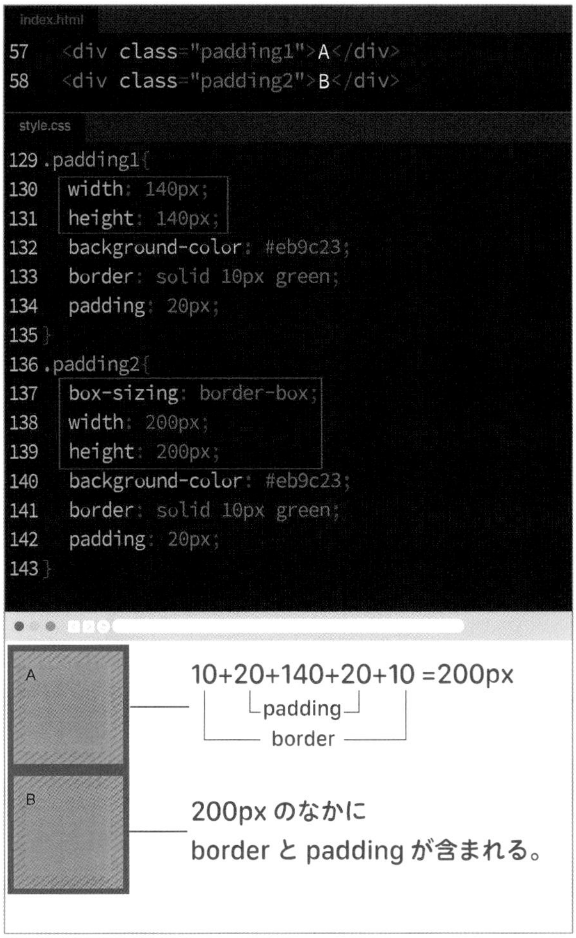

```
index.html
57    <div class="padding1">A</div>
58    <div class="padding2">B</div>
```

```
style.css
129 .padding1{
130    width: 140px;
131    height: 140px;
132    background-color: #eb9c23;
133    border: solid 10px green;
134    padding: 20px;
135 }
136 .padding2{
137    box-sizing: border-box;
138    width: 200px;
139    height: 200px;
140    background-color: #eb9c23;
141    border: solid 10px green;
142    padding: 20px;
143 }
```

A

10+20+140+20+10 =200px
└padding┘
─ border ─

B

200px のなかに
border と padding が含まれる。

■図4.94──ボックスモデルの計算

## 4-3-11　レスポンシブウェブデザイン

　現在利用されているデバイスは多種多様である。日々新しい製品が生
み出され続けているため，すべてのデバイス環境でWebページがどのよ
うに表示されるのかを確認することは不可能であるが，Webデザイナー
は，デバイス環境への意識をつねにもつべきである。

　ここでは，2-4-2［1］で解説したCSSによってデバイスの画面サイズに
合わせてレイアウトを切り替える手法であるレスポンシブウェブデザイン
を適用するうえで主流となっているFlexboxとメディアクエリについて
解説する。

*47 Flexible box
layout moduleの略
称である。

## [1] Flexboxの基本構造

Flexbox（フレックスボックス）はFlexコンテナとよばれる親要素の中[*47]に，入れ子でFlexアイテムとよばれる子要素を記述することで適用される。ここでは，図4.95に示すように「class="container"」と記述したdiv要素をFlexコンテナ，「class="item"」と記述したdiv要素をFlexアイテムとし，CSSでFlexコンテナにdisplayプロパティを使用して値にflexを指定することで作成することができる。Flexアイテムがインラインボックスの要素の場合は，displayプロパティにinline-flexを指定する（表4.16）。

Flexboxは標準では，Flexアイテムが横並びに表示されるようになっている。このFlexアイテムどうしの間隔はgapプロパティで指定することができ，間隔の値を数値で指定する。行間と列間を異なる間隔にしたい場合には，半角スペースで区切り，行，列の順で記述する。

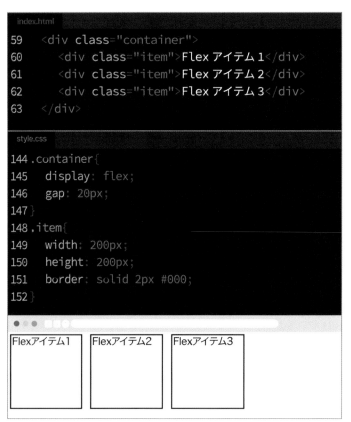

```
index.html
59  <div class="container">
60      <div class="item">Flex アイテム 1</div>
61      <div class="item">Flex アイテム 2</div>
62      <div class="item">Flex アイテム 3</div>
63  </div>
```

```
style.css
144 .container{
145     display: flex;
146     gap: 20px;
147 }
148 .item{
149     width: 200px;
150     height: 200px;
151     border: solid 2px #000;
152 }
```

| Flexアイテム1 | Flexアイテム2 | Flexアイテム3 |

■図4.95――Flexboxの基本構造と表示例

■表4.16――displayプロパティのおもな値

| 値 | 説明 |
| --- | --- |
| flex | ブロックボックス形式の要素をFlexアイテムにする。 |
| inline-flex | インラインボックス形式の要素をFlexアイテムにする。 |

chapter

4

3-11

CSS
の
基礎

## [2] Flexアイテムの並ぶ向き

Flexboxでは，Flexアイテムは左から右に要素が並ぶ。この並ぶ向き
は，**flex-direction**プロパティを使用することで変更することができる。表
4.17にflex-directionプロパティで指定できるおもな値と，図4.96に値の
表示イメージを示す。図4.97では，flex-directionプロパティの値にrow-
reverseを指定した表示例を示す。

■表4.17————flex-direction プロパティの
おもな値

| 値 | 説明 |
| --- | --- |
| row（初期値） | 左から右に並ぶ。 |
| row-reverse | 右から左に並ぶ。 |
| column | 上から下に並ぶ。 |
| column-reverse | 下から上に並ぶ。 |

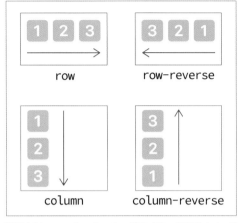

■図4.96————flex-direction プロパティの表示イメージ

```
index.html
59  <div class="container">
60      <div class="item">Flex アイテム 1</div>
61      <div class="item">Flex アイテム 2</div>
62      <div class="item">Flex アイテム 3</div>
63  </div>
```

```
style.css
144 .container{
145    display: flex;
146    gap: 20px;
147    flex-direction: row-reverse;
148 }
149 .item{
150    width: 200px;
151    height: 200px;
152    border: solid 2px #000;
153 }
```

| Flexアイテム3 | Flexアイテム2 | Flexアイテム1 |

■図4.97————flex-direction プロパティの値に row-reverse を指定した際の表示例

133

## [3] Flexアイテムの折り返し

　Flexboxは，Flexアイテムの幅を圧縮してFlexコンテナ内に1行に収まるように表示させる。Flexアイテムの幅を変えずに複数行に折り返して並べるには，**flex-wrapプロパティ**（フレックスラッププロパティ）を使用する。表4.18にflex-wrapプロパティで指定できる値と，図4.98に値の表示イメージを示す。図4.99ではflex-wrapプロパティを使用した表示例を示す。

■表4.18————flex-wrapプロパティの値

| 値 | 説明 |
|---|---|
| nowrap（初期値） | 折り返さない。 |
| wrap | 折り返して上から下へと並べる。 |
| wrap-reverse | 折り返して下から上へと並べる。 |

■図4.98————flex-wrapプロパティの表示イメージ

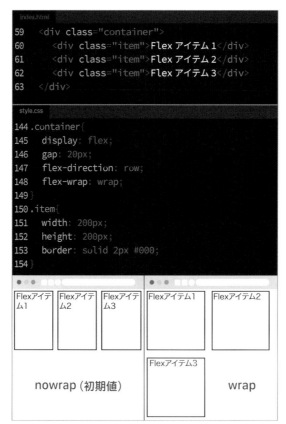

■図4.99————flex-wrapプロパティを使用した際の表示例
nowrap（表示例左）を指定した場合，Flexアイテムは幅を縮めて折り返さずに表示される。

## [4] Flexアイテムの揃え方

Flexアイテムでは揃え方を指定する方法として，以下のようなものがある。

### ①横方向の揃え方

justify-contentプロパティを使用すると，Flexアイテムの横方向の揃え方を指定することができる。表4.19にjustify-contentプロパティで指定できるおもな値と，図4.100に値の表示イメージを示す。図4.101ではjustify-contentプロパティの値にcenterを指定した表示例を示す。

■表4.19———justify-contentプロパティのおもな値

| 値 | 説明 |
| --- | --- |
| flex-start（初期値） | 左揃え |
| flex-end | 右揃え |
| center | 中央揃え |
| space-between | 両端揃え |
| space-around | 均等揃え |

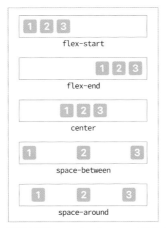

■図4.100———justify-contentプロパティの表示イメージ

```
index.html
59    <div class="container">
60      <div class="item">Flex アイテム 1</div>
61      <div class="item">Flex アイテム 2</div>
62      <div class="item">Flex アイテム 3</div>
63    </div>
```

```
style.css
144 .container{
145   display: flex;
146   gap: 20px;
147   flex-direction: row;
148   flex-wrap: wrap;
149   justify-content: center;
150 }
151 .item{
152   width: 200px;
153   height: 200px;
154   border: solid 2px #000;
155 }
```

| Flexアイテム1 | Flexアイテム2 | Flexアイテム3 |

■図4.101———justify-contentプロパティの値にcenterを指定した際の表示例

## ②縦方向の揃え方

align-itemsプロパティを使用すると，Flexアイテムの縦方向の揃え方を指定することができる。表4.20にalign-itemsプロパティで指定できるおもな値と，図4.102に値の表示イメージを示す。図4.103ではalign-itemsプロパティの値にcenterを指定した表示例を示す。

■表4.20——align-itemsプロパティのおもな値

| 値 | 説明 |
| --- | --- |
| stretch（初期値） | 親要素の高さに合わせて広げる。 |
| flex-start | 上揃え |
| flex-end | 下揃え |
| center | 中央揃え |
| baseline | ベースライン揃え |

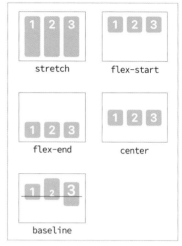

■図4.102——align-itemsプロパティの表示イメージ

■図4.103——align-itemsプロパティの値にcenterを指定した際の表示例

## ③複数行の揃え方

align-contentプロパティを使用すると，複数行のFlexアイテムの揃え方を指定することができる。表4.21のalign-contentプロパティで指定できる値と，図4.104に値の表示イメージを示す。図4.105ではalign-contentプロパティの値にcenterを指定した表示例を示す。

■表4.21―――align-contentプロパティのおもな値

| 値 | 説明 |
|---|---|
| stretch（初期値） | 親要素の高さに合わせて広げる。 |
| flex-start | 上揃え |
| flex-end | 下揃え |
| center | 中央揃え |
| space-between | 最初と最後のFlexアイテムを上下端に揃える。 |
| space-around | 均等揃え |

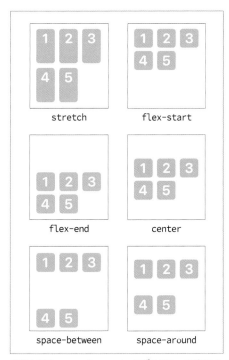

■図4.104―――align-contentプロパティの表示イメージ

```
index.html
59   <div class="container">
60      <div class="item">Flex アイテム 1</div>
61      <div class="item">Flex アイテム 2</div>
62      <div class="item">Flex アイテム 3</div>
63   </div>
```

```
style.css
144 .container{
145   display: flex;
146   gap: 20px;
147   flex-direction: row;
148   flex-wrap: wrap;
149   justify-content: center;
150   height: 100vh;
151   align-items: center;
152   align-content: center;
153 }
154 .item{
155   width: 200px;
156   height: 200px;
157   border: solid 2px #000;
158 }
```

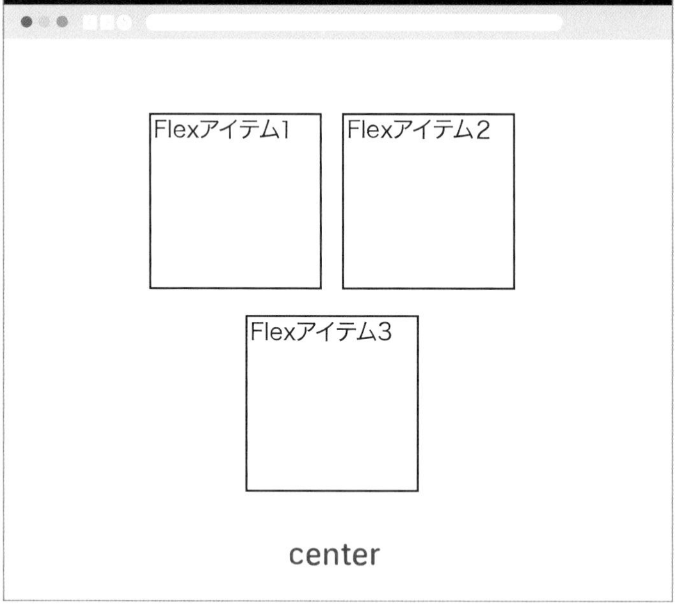

■図4.105──── align-content プロパティの値に center を指定した際の表示例

## [5] メディアクエリ

**メディアクエリ**とは，ある条件を指定し，その条件が満たされたときに CSSを働かせるしくみである。たとえば，画面のサイズが指定のサイズより大きければスタイルAを，小さければスタイルBを適用させるといったことができる。ここで指定されたサイズのことを**ブレイクポイント**とよぶ。メディアクエリは「@media」と記述し，つぎに「()（丸括弧）」内に条件

を指定する。たとえば、「max-width: 640px」とすれば、「画面の最大幅が640pxの場合」という意味になる。そして、「{}（中括弧）」内に、条件下のスタイルを記述していく。図4.106のようなスタイルを指定すると、画面幅が0px〜640pxの場合では、Flexアイテムが縦に並ぶようになる。

```
index.html
59    <div class="container">
60        <div class="item">Flexアイテム1</div>
61        <div class="item">Flexアイテム2</div>
62        <div class="item">Flexアイテム3</div>
63    </div>
```

```
style.css
159 @media (max-width: 640px){
160     .container{
161         flex-direction: column;
162     }
163 }
```

@media (max-width: 640px){

条件

条件下のスタイル

}

「画面の最大幅が 640px の場合」
条件下のスタイルが適応される。

Flexアイテム1

Flexアイテム2

Flexアイテム3

■図4.106―――メディアクエリを使用して条件を与えた際の表示例

　HTML要素は，**position**プロパティを使用することで表示する位置を調整することができる。これにより HTML要素を重ねたり，画面上の指定した位置に HTML要素を固定することができるようになる（表4.22）。

　position プロパティを使用する際には，top プロパティ，bottom プロパティ，left プロパティ，right プロパティといった位置を指定するプロパティと併用し，具体的な表示位置を調整する（表4.23）。ここでは，CSS による HTML要素の位置指定について解説する。

■表4.22————position プロパティのおもな値

| 値 | 説明 |
|---|---|
| static（初期値） | 位置を指定しない。 |
| relative | 基準となる表示位置から相対的な位置を指定する。 |
| absolute | 親要素を基準に絶対的な位置を指定する。 |
| fixed | 画面の指定した位置に固定する。 |

■表4.23————position プロパティと併用する位置指定のプロパティの値

| 値 | 説明 |
|---|---|
| top | 基準となるHTML要素の表示位置からの上辺距離 |
| bottom | 基準となるHTML要素の表示位置からの下辺距離 |
| left | 基準となるHTML要素の表示位置からの左辺距離 |
| right | 基準となるHTML要素の表示位置からの右辺距離 |

## [1] 相対位置指定

position プロパティの値を**relative**(レラティブ)にすると，本来の表示位置を基準に相対的な位置を指定することができる (図4.107)。

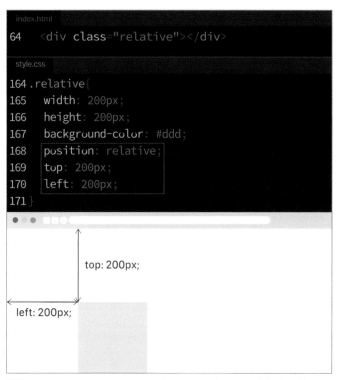

```
index.html
64    <div class="relative"></div>
```

```
style.css
164 .relative{
165    width: 200px;
166    height: 200px;
167    background-color: #ddd;
168    position: relative;
169    top: 200px;
170    left: 200px;
171 }
```

top: 200px;

left: 200px;

■図4.107―――position プロパティの値に relative を指定した際の表示例

## [2] 絶対位置指定

　positionプロパティの値を**absolute**（アブソリュート）にすると，画面の左上もしくは親要素の左上を基準に絶対的な位置を指定することができる。子要素として位置を指定する場合には，親要素にstatic（スタティック）以外のpositionプロパティが指定されている必要がある（図4.108）。

```
index.html
64    <div class="relative">
65        <div class="absolute"></div>
66    </div>
```

```
style.css
172 .absolute{
173    width: 200px;
174    height: 200px;
175    background-color: #888;
176    position: absolute;
177    top: 100px;
178    left: 100px;
179 }
```

top: 100px;

left: 100px;

■図4.108───positionプロパティの値にabsoluteを指定した際の表示例

## [3] 固定位置指定

positionプロパティの値を**fixed**(フィクスト)にすると，画面を基準とした指定位置にHTML要素を固定できる。固定されたHTML要素は画面をスクロールしても同じ位置に配置されるため，ナビゲーションメニューなどによく使用される(図4.109)。

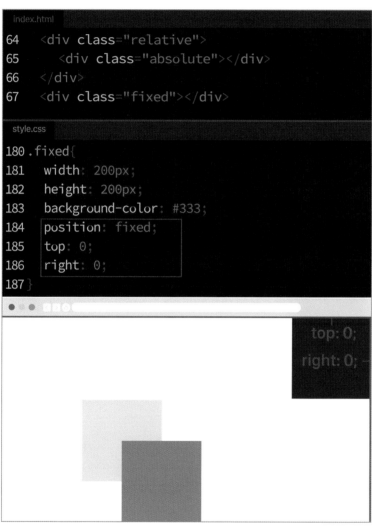

```
index.html
64    <div class="relative">
65        <div class="absolute"></div>
66    </div>
67    <div class="fixed"></div>
```

```
style.css
180 .fixed{
181     width: 200px;
182     height: 200px;
183     background-color: #333;
184     position: fixed;
185     top: 0;
186     right: 0;
187 }
```

■図4.109―――positionプロパティの値にfixedを指定した際の表示例

chapter

4

3-12

CSSの基礎

143

# 4-4
# Webページの制作

本節では，演習としてWebページを実際に制作していく。なお，制作するWebページは架空の文房具店のトップページにあたる1ページのみであるが，Webページを制作するための必要な手順と知識が盛り込まれている。これまでに学習したHTMLとCSSの知識を使い，力試しをしてもらいたい。

---

### 4-4-**1** 制作の準備

---

　本項では，図4.110のようなレスポンシブウェブデザインを適用した架空の文具店，「見本文具店」のWebページを制作するためのサンプルデータおよび素材について解説する。

　HTMLやCSSを記述するためのテキストエディタは，任意のソフトウェアを使用してかまわない。サンプルデータと素材，完成データは以下のCG-ARTSのWebサイトからzipファイルでダウンロードができる。完成データは圧縮フォルダを解凍し，「index.html」をWebブラウザにドラック＆ドロップするとWebページの完成形が表示されるため，制作を始める前にWebページの全体像を確認しておくとよい。

・4-4 サンプルデータ ダウンロードURL

　https://www.cgarts.or.jp/book/web/4th-sample/

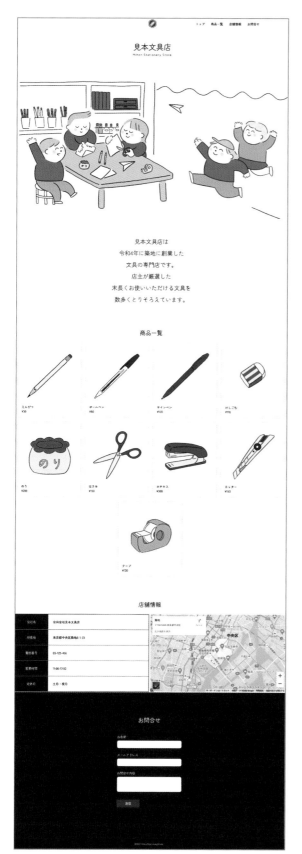

[a] PCなど画面サイズが大きい場合の表示

■図4.110―――演習で制作するWebページの完成形

[b] スマートデバイスなど画面サイズが
小さい場合の表示

## [1] ディレクトリとファイル

　Webページの制作にあたり，HTMLファイルやCSSファイル，画像ファイルなどを配置するためのディレクトリ（フォルダ）「mihon」を作成する。図4.111に示すように「mihon」のディレクトリにHTMLファイルやCSSファイル，画像ファイルを保存していく。ここでは仮にPCのデスクトップにディレクトリを作成しているが，任意の場所でよい。

■図4.111———効率よく制作するためのディレクトリ構造の例

### ①HTMLファイルの作成

　ディレクトリ「mihon」のルートディレクトリに，テキストエディタで作成したHTMLファイル「index.html」を保存する。

### ②CSSファイルの作成

　「css」フォルダをルートディレクトリに作成し，テキストエディタで作成したCSSファイル「style.css」を保存する。

### ③画像ファイルの保存

　画像ファイルが保存されている「images」フォルダをルートディレクトリにフォルダのまま保存する。

## [2] HTML文書の骨組み

　「index.html」にHTML文書（HTMLファイル）の骨組みを，図4.112に示すように記述する。骨組みを構築する際に必要なHTML要素を，つぎの手順で作成する。

```
index.html
1  <!DOCTYPE html> ── ①
2  <html> ── ②
3    <head>
4      <meta charset="UTF-8"> ── ③
5      <meta name="viewport"
       content="width=device-width"> ── ④
6      <title> 見本文具店 </title> ── ⑤
7      <link rel="stylesheet"
       href="css/style.css"> ── ⑥
8    </head>
9    <body></body>
10 </html>
```

■図4.112―――基本となる「見本文具店」のHTML文書の骨組み

### ①文書型宣言の記述

作成しているファイルがHTML文書であることを宣言するため，HTML文書の1行目に「<!DOCTYPE html>」を記述する。

### ②html要素, head要素, body要素の記述

文書型宣言の直後にhtml要素を記述する。さらに，このhtml要素内にhead要素とbody要素を記述する。

### ③HTMLにおける文字コードの指定

head要素内にmeta要素を記述し，文字コードに「meta charset="UTF-8"」を指定する。

### ④meta viewportの設定

「見本文具店」のWebページでは，レスポンシブウェブデザインを適用する。そのため，meta要素には「name="viewport"」，「content="width=device-width"」と記述する。

### ⑤title要素の記述

Webブラウザのタブなどにタイトルを表示させるため，title要素を記述する。ここでは，「見本文具店」と記述する。

### ⑥「style.css」を「index.html」に読み込ませる

link要素を記述し，「index.html」に「style.css」を読み込ませる設定をする。link要素のrel属性に「"stylesheet"」，href属性に「"css/style.css"」と記述する。「style.css」はcssフォルダ内に保存しているため，href属性に記述する値は「css/style.css」となる。

chapter

4

4-1

Webページの制作

147

## [3] CSSにおける文字コードの設定

CSSの文字コードにもUTF-8を使用するため，図4.113に示すように「style.css」の1行目に「@charset "UTF-8";」と記述する。

```
style.css
1 @charset "UTF-8";
```

■図4.113―――「見本文具店」のCSSの文字コード設定

### 4-4-**2** head要素の編集

本項では，Webページの情報や機能として必要となるhead要素内の設定，および記述項目について解説する。

## [1] meta descriptionの設定

head要素内に**meta description**を設定すると，制作したWebサイト（Webページ）の概要を記述できる。記述した概要は検索エンジンなどの検索結果で表示されやすくなるため，制作時には概要を設定したほうがよい。

HTMLにおけるmeta descriptionの作成手順は，以下のとおりである。図4.114にmeta descriptionを記述したHTML文書を示す。

```
index.html
1  <!DOCTYPE html>
2  <html>
3   <head>
4    <meta charset="UTF-8">
5    <meta name="viewport"
   content="width=device-width">
6    <title>見本文具店</title>
7    <meta name="description" content="見本文具店は
   令和4年に築地に創業した文具の専門店です。店主が厳
   選した末長くお使いいただける文具を数多くとりそろえ
   ています。">
8    <link rel="stylesheet" href="css/style.css">
9   </head>
10  <body></body>
11 </html>
```

■図4.114―――meta descriptionを設定したHTML文書

（1）meta要素をhead要素内に記述する。
（2）name属性に「"description"」と記述する。
（3）content属性に「"見本文具店は令和4年に築地に創業した文具の専門店です。店主が厳選した末長くお使いいただける文具を数多くとりそろえています。"」と記述する。

## [2] リセットCSS

　各種Webブラウザには，フォントサイズや余白などに独自のCSSがあらかじめ適用されている。そのため，作成したCSSがWebブラウザの種類によって，表示に差異が生じる可能性がある。そこで，使用するのが**リセットCSS**である。リセットCSSを使用することでWebブラウザにあらかじめ適用されているCSSを打ち消し，Webブラウザ間での表示の差異をなくすことができる。

### ①リセットCSSの配置

　リセットCSSは自作することができるが，インターネット上には用途に応じたさまざまなリセットCSSが公開されており，自由に使用できるものもある。ここでは，サンプルデータの「reset.css」を使用する。保存先はディレクトリ「css」フォルダ内とする。

### ②リセットCSSの読み込み設定

　リセットCSSをhead要素内に読み込ませる際には，CSSは上から下へと順番に読み込まれることを考慮し，Webページを装飾するためのCSSより前に読み込ませる必要がある。図4.115のように，ここでは先に設定した「style.css」より前に記述する。

```
index.html
7    <meta name="description" content="見本文具店は令
     和4年に築地に創業した文具の専門店です。店主が厳選した末長
     くお使いいただける文房を数多くとりそろえています。">
8    <link rel="stylesheet" href="css/reset.css">
9    <link rel="stylesheet" href="css/style.css">
10   </head>
11   <body></body>
12   </html>
```

■図4.115——リセットCSSを読み込む際のHTML文書

## [3] ファビコンとアップルタッチアイコン

　Webブラウザのタブやブックマークなどに表示されるアイコンを**ファビコン**，スマートフォンのホーム画面などに表示されるアイコンを**アップルタッチアイコン**とよぶ。

　ファビコンやアップルタッチアイコンは，Webブラウザやデバイスに応じて必要とする画像の大きさやファイル形式が異なるため，複数の種類を用意する必要がある。また，各デバイスのOSのバージョンがアップ

chapter

4

4-**2**

Webページの制作

149

グレードされるとデバイスの表示仕様が変更されることが多いため，作成する際は最新情報をつねに入手して設定をするのがよい。[*48]

＊48 1枚の画像ファイルから一括で各用途のアイコンを作成してくれるWebサービスも多くあるため，活用してみるのもよい。

### ①ファビコンとアップルタッチアイコンの保存

サンプルデータの「favicon.ico」と，「apple-touch-icon.png」をルートディレクトリに保存する。

### ②ファビコンとアップルタッチアイコンの設定

ファビコンとアップルタッチアイコンの作成手順は，以下のとおりである。図4.116に，この手順に沿って作成したHTMLを示す。

（1） head要素内にlink要素を2つ記述する。
（2） 1つ目のlink要素のrel属性に「"icon"」，href属性に「"favicon.ico"」と記述する。
（3） 2つ目のlink要素のrel属性に「"apple-touch-icon"」，href属性に「"apple-touch-icon.png"」，sizes属性に「"180×180"」と記述する。この一連の設定はどのWebページでも共通に表示されるため，定型文と考えてよい。

```
index.html
  <link rel="stylesheet" href="css/reset.css">
  <link rel="stylesheet" href="css/style.css">
  <link rel="icon" href="favicon.ico">
  <link rel="apple-touch-icon"
  href="apple-touch-icon.png" sizes="180x180">
</head>
<body></body>
</html>
```

■図4.116――ファビコンとアップルタッチアイコンを設定したHTML文書

## [4] Webフォント

このWebページでは，「Google Fonts」で提供されている「Zen Maru Gothic Light 300」と「Zen Maru Gothic Regular 400」の2つのWebフォントを使用する。該当のWebフォントは，以下のURLから確認できる。

「Google Fonts」

https://fonts.google.com/specimen/Zen+Maru+Gothic?subset=japanese#standard-styles

## ① Webフォントの読み込みコードの取得

Webフォントを読み込むためのコードを前述したURLから取得し，図4.117のように，head要素内に追加する。ここで取得するコードは「Google Fonts」の仕様変更により変わることがあるため，使用する際は最新情報を調べてから作成を始めることが重要である。

```
index.html
11  <link rel="apple-touch-icon"
    href="apple-touch-icon.png" sizes="180x180">
12  <link rel="preconnect"
    href="https://fonts.googleapis.com">
13  <link rel="preconnect"
    href="https://fonts.gstatic.com"
    crossorigin>
14  <link
    href="https://fonts.googleapis.com/css2?
    family=Zen+Maru+Gothic:wght@300;400&display=
    swap" rel="stylesheet">
15  </head>
16  <body></body>
17 </html>
```

■図4.117────Webフォントのコードを埋め込んだHTML文書

## ② CSSにおけるフォントの指定

Webページ全体にフォントを適用させるため，図4.118のようにセレクタをhtml要素とし，「font-family: "Zen Maru Gothic", sans-serif;」と記述する。

```
style.css
1  @charset "UTF-8";
2  html{
3    font-family: "Zen Maru Gothic", sans-serif;
4  }
```

■図4.118────Webページ全体に使用するフォントを指定したCSS

## 4-4-3　ヘッダエリア

本項では，ヘッダエリアに「見本文具店」のロゴを上部中央に表示させるための手順を解説する。

## ① ヘッダエリアとロゴの設定

ヘッダエリアの作成とロゴを読み込む手順は，つぎのとおりである。図4.119にこの手順によって作成したHTML文書を，図4.120にその表示結果を示す。

（1）body要素内にheader要素を記述する。

（2）header要素内にimg要素を記述する。

（3）img要素のsrc属性に，ロゴのファイルパス「"images/logo.svg"」，alt属性に「"見本文具ロゴ"」と記述する。

```
index.html
16  <body>
17    <header>
18      <img src="images/logo.svg" alt="見本文具ロゴ">
19    </header>
20  </body>
21 </html>
```

■図4.119———ロゴを読み込む際のヘッダエリアのHTML文書

■図4.120———ロゴの表示結果

### ②CSSによるヘッダエリアの装飾

CSSでヘッダエリアのサイズ（高さ60%，幅100%）とレイアウト位置，背景色（白色）を設定するための手順は，以下のとおりである。図4.121にこの手順によって作成したCSSを，図4.122にその表示結果を示す。

**header部分**

（1）「height: 60px;」と記述し，ヘッダエリアの高さを「60px」に設定する。

（2）「width: 100%;」と記述し，ヘッダエリアの幅を「100%」に設定する。

（3）「position: fixed;」，「top: 0;」と記述し，ヘッダエリアの位置をWebページ上部に固定する。

（4）「background-color: #fff;[*49]」と記述し，ヘッダエリアの背景色を「#fff」（白色）に設定する。

（5）「text-align: center;」と記述し，ヘッダエリア内の要素内の揃え方を中央揃えに設定する。

*49 カラーコードによる色の指定には6桁以外に3桁でも指定することができる。ただし，3桁で指定する場合は，色数が限られるため，注意が必要である。

**header img 部分**

「height: 60px;」と記述し，ロゴの高さを「60px」に設定する。

```
style.css
5   header{
6     height: 60px;
7     width: 100%;
8     position: fixed;
9     top: 0;
10    background-color: #fff;
11    text-align: center;
12  }
13  header img{
14    height: 60px;
15  }
```

■図4.121———ヘッダエリアのCSS

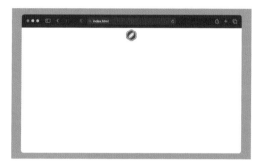

■図4.122———ロゴの位置を調整した表示結果

## 4-4-**4** ナビゲーションエリア

本項では，Webページ内を遷移するためのナビゲーションエリア，および メニューリストの作成手順を解説する。

このナビゲーションエリアは，PCでの閲覧時はヘッダエリア内のロゴ より右側に配置されるように設定し，スマートデバイスでの閲覧時は， ヘッダエリアの真下に画面幅いっぱいに表示されるように設定する。

## ①HTMLによるナビゲーションエリアの作成

　HTMLによるナビゲーションエリアの作成手順は，以下のとおりである。図4.123にこの手順によって作成したHTML文書を，図4.124にその表示結果を示す。

（1）　img要素のあとにnav要素を記述する。

（2）　nav要素内にul要素を記述する。

（3）　ul要素内にli要素を4つ記述する。

（4）　li要素それぞれにa要素を記述する。

（5）　a要素にhref属性を記述し，IDとメニュー名を設定する。IDは任意のキーワードを設定してよいが，ここではhref属性に「#」を付けて記述し，各コンテンツの先頭に遷移するリンクとなるように設定する。

（6）　a要素内それぞれにメニュー名を設定する。

```
index.html
16  <body>
17    <header>
18      <img src="images/logo.svg" alt="見本文具ロゴ">
19      <nav>
20       <ul>
21         <li><a href="#">トップ</a></li>
22         <li><a href="#item">商品一覧</a></li>
23         <li><a href="#about">店舗情報</a></li>
24         <li><a href="#contact">お問合せ</a></li>
25       </ul>
26      </nav>
27    </header>
28  </body>
29 </html>
```

■図4.123―――ナビゲーションエリアのHTML文書

■図4.124―――ナビゲーションとロゴの表示結果

## ②CSSによるナビゲーションエリアの装飾

ナビゲーションエリアをヘッダエリア内のロゴより右側に配置するための手順は, 以下のとおりである。図4.125にこの手順によって作成したCSSを, 図4.126にその表示結果を示す。

### nav部分

(1) 「height: 60px;」と記述し, ナビゲーションエリアの高さを「60px」に設定する。

(2) 「width: 45%;」と記述し, ナビゲーションエリアと, ヘッダエリアの幅を「45％」に設定する。

(3) 「position: absolute;」と記述し, ナビゲーションエリアの表示位置を絶対値指定にする。

(4) 「top: 0;」, 「right: 0;」と記述し, ナビゲーションの表示位置をヘッダエリアの右上端に設定する。

(5) 「background-color: #fff;」と記述し, ナビゲーションエリアの背景色を「#fff」(白色)に設定する。

```
style.css
16  nav{
17    height: 60px;
18    width: 45%;
19    position: absolute;
20    top: 0;
21    right: 0;
22    background-color: #fff;
23  }
24  nav ul{
25    height: 60px;
26    display: flex;
27    justify-content: center;
28    align-items: center;
29  }
30  nav ul li{
31    margin: 16px;
32  }
33  a:hover{
34    color: #de0215;
35  }
```

■図4.125——— ナビゲーションエリアのCSS

### nav ul部分

(1) 「height: 60px;」と記述し, メニューの高さを「60px」に設定する。

(2) 「display: flex;」と記述し, メニューを横並びに設定する。

(3) 「justify-content: center;」と記述し, メニューが横方向に対して中央に配置されるように設定する。

(4) 「align-items: center;」と記述し, メニューが縦方向に対して中央に配置されるように設定する。

### nav ul li部分

「margin: 16px;」と記述し, メニュー項目の間の余白を「16px」に設定する。

### a:hover部分

a要素に擬似クラスの1つである「:hover(ホバー)」を記述し, さらに「color: #de0215;」と記述することでメニューにマウスオーバをした際に, 文字の色が赤系に変わる設定をする。**擬似クラス**とは, 選択されたHTML要素に対し, ある特定の条件が発生した際に装飾を適用させるセレクタである。

*50 擬似クラスには, そのHTML要素がクリックされている際に装飾を適用する「:active」など, さまざまな種類がある。

155

■図4.126―――装飾を適用したナビゲーションとロゴの表示結果

### ③レスポンシブウェブデザインの設定

　ここまでに設定したナビゲーションエリアの場合，スマートフォンなど画面サイズが小さいデバイスでWebページを表示するとレイアウトが崩れてしまう。ここでは，画面サイズが小さいデバイス用にメディアクエリを使用してスタイルを設定し，ヘッダエリアの真下に画面幅いっぱいにナビゲーションエリアが表示されるようにする。CSSによるレスポンシブウェブデザインの作成手順は，以下のとおりである。図4.127にこの手順によって作成したCSSを，図4.128にその表示結果を示す。

#### @media（max-width: 1024px）部分

　画面サイズ（幅）が1,024pxまでのデバイスで適用されるスタイルを記述し，「｛｝（波括弧）」内に以下のとおり，スマートデバイスなどの小さい画面サイズ用のスタイルを設定する。

#### nav部分

（1）「width: 100%;」と記述し，ナビゲーションエリアをヘッダエリアの幅いっぱいに表示される設定にする。

（2）「top: 60px;」と記述し，ナビゲーションエリアが画面上部から「60px」の位置に表示される設定にする。

```
style.css
36  @media (max-width: 1024px) {
37    nav{
38      width: 100%;
39      top: 60px;
40    }
41  }
```

■図4.127―――レスポンシブウェブデザインを設定したCSS

■図4.128―――レスポンシブウェブデザインによる表示結果

　本項では，メインコンテンツエリアにWebページのタイトルである「見本文具店」と，その英語表記「Mihon Stationery Store」，そしてメインビジュアルとなる画像を表示させる手順を解説する。

### ①HTMLによるメインコンテンツエリアの作成

　HTMLによるメインコンテンツエリアの作成手順は，以下のとおりである。図4.129にこの手順によって作成したHTML文書を，図4.130にその表示結果を示す。

（1）　main要素を記述し，メインコンテンツエリアを作成する。

（2）　main要素内にarticle要素を記述する。以降の設定は，このarticle要素内に記述する。

（3）　h1要素内に「見本文具店」と記述する。これは4-4-1［2］のtitle要素で設定したタイトルとは異なり，Webページのコンテンツ上に表示されるタイトルになる。

（4）　p要素に英語表記タイトル「Mihon Stationery Store」を記述する。その際，単語間のスペースには「 」を使用する。

（5）　メインビジュアルの画像を表示させるため，img要素を記述する。

（6）　img要素のclass属性に「"mainvisual"」，src属性にメインビジュアルのファイルパス「"images/mainvisual.jpg"」，alt属性に「"メインビジュアル"」と記述する。

（7）　p要素のclass属性に「"intro"」と記述する。

（8）　p要素に4-4-2［1］で記述したmeta descriptionの概要をここにも記述する。概要にはbr要素を使用して改行を入れる。

```
index.html
28 <main>
29  <article>
30   <h1>見本文具店</h1>
31   <p>Mihon Stationery Store</p>
32   <img class="mainvisual"
     src="images/mainvisual.jpg" alt="メインビジュアル">
33   <p class="intro">見本文具店は<br>
34   令和4年に築地に創業した<br>
35   文具の専門店です。<br>
36   店主が厳選した<br>
37   末長くお使いいただける文具を<br>
38   数多くとりそろえています。<br></p>
39  </article>
40 </main>
```

■図4.129──────メインコンテンツエリアのHTML文書

■図4.130──────メインコンテンツエリアの表示結果
（スマートデバイスによる表示）

CSSによるメインコンテンツエリアの装飾手順は，以下のとおりである。図4.131にこの手順によって作成したCSSを，図4.132にその表示結果を示す。

### main 部分

「width: 100%;」と記述し，メインコンテンツエリアが画面幅いっぱいに表示されるように設定をする。

### h1 部分

(1) 「padding-top: 120px;」と記述し，ヘッダエリアより下にメインコンテンツエリアが表示されるようにレイアウトを調整する。

(2) 「font-size: 40px;」と記述し，「見本文具店」の文字の大きさを「40px」に設定する。

(3) 「color: #1d1f4e;」と記述し，「見本文具店」の文字の色を「#1d1f4e」(青色系)に設定する。

(4) 「text-align: center;」と記述し，「見本文具店」を中央揃えに設定する。

### h1+p 部分

セレクタを「＋」でつなぐ記述を**隣接セレクタ**とよび，HTML要素の直後に隣接しているHTML要素に対し装飾を指定することができる。

(1) 「color: #1d1f4e;」と記述し，h1要素の直後に隣接するp要素の文字の色に「#1d1f4e」(青色系)が適用される設定にする。

(2) 「text-align: center;」と記述し，h1要素の直後に隣接するp要素の文字に対し，中央揃えが適用される設定にする。

(3) 「letter-spacing: 2px;」と記述し，h1要素の直後に隣接するp要素の字間の余白に「2px」が適用される設定にする。

### .mainvisual 部分

(1) 「width: 100%;」と記述し，メインビジュアルが画面幅いっぱいに表示される設定にする。

(2) 「margin-top: 20px;」と記述し，メインビジュアルの画像上部の余白を「20px」に設定する。

### .intro 部分

概要文が画面の中央に大きく表示される設定にする。

(1) 「font-size: 30px;」と記述し，概要文の文字の大きさを「30px」に設定する。

（2）「font-weight: lighter;」と記述し，概要文の文字の太さを親要素よりも細く表示される設定にする。

（3）「line-height: 2;」と記述し，概要文の行間が文字サイズの2倍になる設定にする。

（4）「text-align: center;」と記述し，概要文の文字が中央揃えになる設定にする。

（5）「margin-top: 60px;」と記述し，概要文の上部の余白を「60px」設ける。

```
style.css
42  main{
43    width: 100%;
44  }
45  h1{
46    padding-top: 120px;
47    font-size: 40px;
48    color: #1d1f4e;
49    text-align: center;
50  }
51  h1+p{
52    color: #1d1f4e;
53    text-align: center;
54    letter-spacing: 2px;
55  }
56  .mainvisual{
57    width: 100%;
58    margin-top: 20px;
59  }
60  .intro{
61    font-size: 30px;
62    font-weight: lighter;
63    line-height: 2;
64    text-align: center;
65    margin-top: 60px;
66  }
```

■図4.131——メインコンテンツエリアのCSS

159

■図4.132——装飾を適用したメインコンテンツエリアの表示結果
（スマートデバイスによる表示）

## 4-4-6　商品一覧セクション

　本項では，メインコンテンツエリア内にsection要素を記述し，9個の商品を一覧としてWebページに掲載する手順を解説する。

### ①HTMLによる商品一覧セクションの作成

　商品一覧の情報はlist要素で作成し，list要素には各商品の画像と商品名，値段を掲載する。HTMLによる商品一覧セクションの作成手順は，以下のとおりである。図4.133にこの手順によって作成したHTML文書を，図4.134にその表示結果を示す。

（1）　section要素を記述し，id属性に「"item"」と記述する。
（2）　h2要素を記述し，商品一覧セクションのタイトルとして表示されるように「商品一覧」と記述する。
（3）　ul要素を記述し，ul要素内にli要素を記述する。
（4）　li要素内にimg要素，src属性とalt属性を記述する。
（5）　li要素内にp要素を2つ記述する。
（6）　このli要素をコピーし，全部で9つの項目を作成する。
（7）　li要素内のimg要素，src属性に各商品画像のファイルパス，alt属性に商品名を記述する。
（8）　li要素内にあるp要素に，各商品名と値段を記述する。

```
index.html
40 <section id="item">
41 <h2>商品一覧</h2>
42 <ul>
43  <li>
44   <img src="images/1_pencil.jpg" alt="えんぴつ">
45   <p>えんぴつ</p>
46   <p>¥30</p>
47  </li>
48  <li>
49   <img src="images/2_ballpen.jpg" alt="ボールペン">
50   <p>ボールペン</p>
51   <p>¥80</p>
52  </li>
53  <li>
54   <img src="images/3_signpen.jpg" alt="サインペン">
55   <p>サインペン</p>
56   <p>¥100</p>
57  </li>
58  <li>
59   <img src="images/4_eraser.jpg" alt="けしごむ">
60   <p>けしごむ</p>
61   <p>¥110</p>
62  </li>
63  <li>
64   <img src="images/5_paste.jpg" alt="のり">
65   <p>のり</p>
66   <p>¥200</p>
67  </li>
68  <li>
69   <img src="images/6_scissors.jpg" alt="はさみ">
70   <p>はさみ</p>
71   <p>¥150</p>
72  </li>
73  <li>
74   <img src="images/7_stapler.jpg" alt="ホチキス">
75   <p>ホチキス</p>
76   <p>¥300</p>
77  </li>
78  <li>
79   <img src="images/8_knife.jpg" alt="カッター">
80   <p>カッター</p>
81   <p>¥150</p>
82  </li>
83  <li>
84   <img src="images/9_tape.jpg" alt="テープ">
85   <p>テープ</p>
86   <p>¥130</p>
87  </li>
88 </ul>
89 </section>
```

■図4.133————商品一覧セクションのHTML文書

■図4.134————商品一覧セクションの表示結果
（スマートデバイスによる表示）

## ②CSSによる商品一覧セクションの装飾

CSSによる商品一覧セクションの装飾手順は, 以下のとおりである。

### h2部分

「商品一覧」タイトルのレイアウト位置を調整する。

(1)「padding-top: 120px;」と記述し,「商品一覧」タイトルの位置を上部から「120px」の位置に設定する。

(2)「font-size: 30px;」と記述し,「商品一覧」タイトルの文字の大きさを「30px」に設定する。

(3)「color: #1d1f4e;」と記述し,「商品一覧」タイトルの文字の色を「#1d1f4e」(青色系)に設定する。

(4)「text-align: center;」と記述し,「商品一覧」タイトルの文字を中央揃えに設定する。

(5)「margin-bottom: 30px;」と記述し,「商品一覧」タイトルの下部の余白を「30px」に設定する。

### #item ul部分

各商品はFlexboxを使用して中央から整列させ, デバイスの画面幅に応じて商品が折り返すように設定する。Flexboxを使用した各デバイスによる表示結果を図4.135に示す。

(1)「display: flex;」と記述し,「id="item"」で指定したul要素をFlexboxに設定する。

(2)「justify-content: center;」と記述し, 商品をFlexboxの横方向に対して中央に配置されるように設定する。

162

（3）「flex-wrap: wrap;」と記述し，商品をデバイスの画面幅で折り返す
ように設定する。

（4）「gap: 20px;」と記述し，商品ごとの余白を「20px」に設定する。

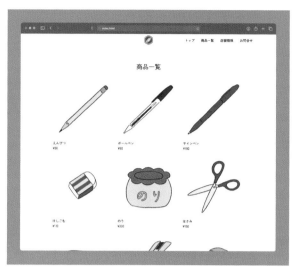

[a] PCなど画面サイズの大きいデバイスでの表示結果

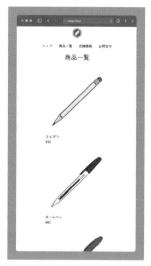

[b] スマートデバイスなど画面サイズの小さい
デバイスでの表示結果

■図4.135――――Flexboxを適用した商品一覧の表示結果

### #item ul li部分

各商品を見やすくするために罫線を追加する。図4.136にここまでの手順によって作成したCSS，図4.137に罫線を追加した表示結果を示す。

（1）「width: 340px;」と記述し，罫線の幅を「340px」に設定する。

（2）「border: solid 2px #ddd;」と記述し，線の種類を「solid」（実線），罫線の太さを「2px」，線の色を「#ddd」（灰色系）に設定する。

（3）「border-radius: 8px;」と記述し，罫線の角を「角丸」に設定する。

（4）「padding: 20px;」と記述し，罫線間の間隔を「20px」に設定する。

```
style.css
67  h2{
68    padding-top: 120px;
69    font-size: 30px;
70    color: #1d1f4e;
71    text-align: center;
72    margin-bottom: 30px;
73  }
74  #item ul{
75    display: flex;
76    justify-content: center;
77    flex-wrap: wrap;
78    gap: 20px;
79  }
80  #item ul li{
81    width: 340px;
82    border: solid 2px #ddd;
83    border-radius: 8px;
84    padding: 20px;
85  }
```

■図4.136――――商品一覧セクションのCSS

163

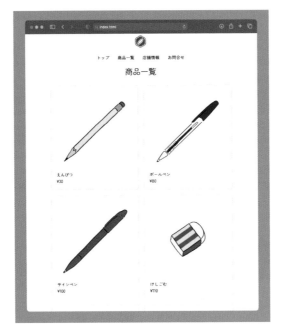

■図4.137───────装飾を適用した商品一覧セクションの表示結果
（スマートデバイスによる表示）

## 4-4-7 店舗情報セクション

本項では，実店舗をもつECサイトなどには欠かすことのできない店舗情報の作成手順を解説する。

### [1] 店舗情報セクションの作成

ここではsection要素を使用し，店舗情報を掲載するテーブルと，「Google マップ」の埋め込みによる2つの表示エリアを店舗情報セクションとして作成する。

#### ①HTMLによる店舗情報セクションの作成

2つの表示エリアは，画面サイズが大きい場合は横並びの2カラムに，画面サイズが小さい場合は縦並びの1カラムに可変するレイアウトに設定する。HTMLによる店舗情報の作成手順は，以下のとおりである。図4.138にこの手順により作成したHTML文書を示す。

（1）section要素を記述し，id属性に「"about"」と記述する。
（2）h2要素を記述し，店舗情報セクションのタイトルとして表示されるように「店舗情報」と記述する。
（3）div要素を記述し，class属性に「"wrapper"」と記述する。このdiv要素の子要素がFlexアイテムとなる。
（4）Flexアイテムとなるdiv要素を2つ記述する。

```
index.html
90 <section id="about">
91   <h2>店舗情報</h2>
92   <div class="wrapper">
93     <div></div>
94     <div></div>
95   </div>
96 </section>
```

■図4.138―――店舗情報セクションのHTML文書

## ②CSSによる店舗情報セクションの装飾

　CSSによる店舗情報セクションの装飾手順は，以下のとおりである。図4.139にこの手順によって作成したCSSを示す。

### .wrapper部分

（1）「display: flex;」と記述し，Flexboxを作成する。

（2）「gap: 8px;」と記述し，Flexアイテム間の余白を「8px」に設定する。

### .wrapper div部分

　「width: 50%;」と記述し，Flexアイテムとなるdiv要素の幅を「50%」に設定する。

```
style.css
86 .wrapper{
87   display: flex;
88   gap: 8px;
89 }
90 .wrapper div{
91   width: 50%;
92 }
```

■図4.139―――店舗情報セクションのCSS

## ③レスポンシブウェブデザインの設定

　@media(max-width: 1024px){}と記述し，「{}（波括弧）」内にスマートデバイスなどの小さい画面サイズ用のスタイルを設定する。CSSによるレスポンシブウェブデザインの設定手順は，以下のとおりである。図4.140にこの手順で作成したCSSを示す。

### .wrapper部分

　「flex-flow: column;」と記述し，Flexboxを縦並びに設定する。

### .wrapper div部分

　「width: 100%;」と記述し，Flexアイテムとなるdiv要素の幅を画面幅いっぱいに設定する。

```
style.css
93 @media (max-width: 1024px){
94   .wrapper{
95     flex-flow: column;
96   }
97   .wrapper div{
98     width: 100%;
99   }
100 }
```

■図4.140―――店舗情報セクションにレスポンシブウェブデザインを設定したCSS

165

## [2] 店舗情報を掲載する表の作成

会社名や所在地などの店舗情報を掲載するための表を作成する。

### ① HTMLによる店舗情報の表の作成

店舗情報を掲載するため，5行2列の表を作成する。HTMLによる表の作成手順は，以下のとおりである。図4.141にこの手順によって作成したHTML文書を，図4.142にその表示結果を示す。

```
index.html
90  <section id="about">
91   <h2>店舗情報</h2>
92   <div class="wrapper">
93    <div>
94     <table>
95      <tr>
96       <td>会社名</td><td>合同会社見本文具店</td>
97      </tr>
98      <tr>
99       <td>所在地</td><td>東京都中央区築地
          8-1-23</td>
100     </tr>
101     <tr>
102      <td>電話番号</td><td>03-123-456</td>
103     </tr>
104     <tr>
105      <td>営業時間</td><td>11:00-17:00</td>
106     </tr>
107     <tr>
108      <td>定休日</td><td>土日・祝日</td>
109     </tr>
110    </table>
111   </div>
112   <div></div>
113  </div>
114 </section>
```

（1）Flexアイテムとして作成したdiv要素の1つ目に，tabel要素を記述する。

（2）table要素内にtr要素を5つ記述し，5行の表を作成する。

（3）それぞれのtr要素内にtd要素を2つ記述し，5行2列の表を作成する。

（4）td要素それぞれに店舗情報の内容を記述する。

■図4.141——店舗情報を掲載する表のHTML文書

■図4.142——店舗情報の表の表示結果
（PCによる表示）

## ②CSSによる店舗情報の表の装飾

CSSによる表の装飾手順は，以下のとおりである。図4.143にこの手順によって作成したCSSを，図4.144にその表示結果を示す。

### table部分

（1）「width: 100%;」と記述し，表をFlexアイテム幅いっぱいに表示する設定にする。

（2）「border: solid 2px #1d1f4e;」と記述し，表の罫線の種類を「solid」（実線），線の太さを「2px」，線の色を「#1d1f4e」（青色系）に設定する。

### tr部分

（1）「height: 80px;」と記述し，表における行の高さを「80px」に設定する。

（2）「border: solid 1px #1d1f4e;」と記述し，表の罫線の種類を「solid」（実線），線の太さを「1px」，線の色を「#1d1f4e」（青色系）に設定する。

### td部分

（1）「text-align: left;」と記述し，セル内の文字を左揃えに設定する。

（2）「vertical-align: middle;」と記述し，セル内の文字の上下位置が中央に配置されるように設定する。

（3）「padding-left: 24px;」と記述し，セル内の左側の余白を「24px」に設定する。

### td:first-child部分

:first-child（ファーストチャイルド）は，兄弟要素内[*51]において最初のHTML要素のみを指定する際に使用する擬似クラスである。この場合，tr要素内にtd要素が2つあるため，そのうちの1つ目のtd要素のみを指定し，表の1列目を装飾する。

（1）「color: #fff;」と記述し，表の1列目の文字色を「#fff」（白色）に設定する。

（2）「border: solid 1px #eee;」と記述し，表の1行目の枠線の種類を「solid」（実線），線の太さを「1px」，線の色を「#eee」（灰色系）に設定する。

（3）「background-color: #1d1f4e;」と記述し，表の1列目の背景色を「#1d1f4e」（青色系）に設定する。

（4）「text-align: center;」と記述し，表の1列目のテキストを中央揃えに設定する。

（5）「padding-left: 0;」と記述し，セル内の左側の余白を削除する。

*51 特定のHTML要素を基準にした際，親要素が同じである並列の子要素どうしを兄弟要素とよぶ。

```
style.css
101  table{
102      width: 100%;
103      border: solid 2px #1d1f4e;
104  }
105  tr{
106      height: 80px;
107      border: solid 1px #1d1f4e;
108  }
109  td{
110      text-align: left;
111      vertical-align: middle;
112      padding-left: 24px;
113  }
114  td:first-child{
115      color: #fff;
116      border: solid 1px #eee;
117      background-color: #1d1f4e;
118      text-align: center;
119      padding-left: 0;
120  }
```

■図4.143────表に装飾を適用したCSS

■図4.144────装飾を適用した店舗情報セクションの表示結果
（PCによる表示）

### [3] Google マップの設定

　表に店舗情報を記述したあと，「Google マップ」を使用した店舗の地図
表示を設定する。「Google マップ」のサービスには，自身のWebサイトな
どに地図を埋め込むためのHTMLのコードを「共有」機能から発行する
ことができる。ここでは，サンプルデータ「Google マップ.txt」に埋め込
みコードが記述してあるためそれを引用するか，または，「Google マップ」

から任意の場所を検索して埋め込みコードを発行する。なお,「Google
マップ」を埋め込むことにより,「Google マップ」の利用規約に同意するこ
ととなるため,必ず自身で利用規約の確認をすること。

4-4-7［2］で作成した表に,HTMLによる「Googleマップ」の地図を埋
め込むための作成手順は,以下のとおりである。図4.145にこの手順に
よって作成したHTML文書を,図4.146にその表示結果を示す。

（1）Flexアイテムとして作成したdiv要素の1つ目に,サンプルデータの
「Googleマップ.txt」に記述されている埋め込みコードを貼り付ける。
（2）埋め込みコード内のwidth属性を「"100%"」に変更し,地図が表の
幅いっぱいに表示される設定にする。
（3）表の高さは400px（80p×5行分）のため,埋め込みコード内のheight
属性を「"400"」に変更し,地図を表に収める設定をする。

```
index.html
112   <div>
113     <iframe
      src="https://www.google.com/maps/embed?p
      b=!1m18!1m12!1m3!1d12965.945212406703!2d
      139.76174789016375!3d35.665026016288884!
      2m3!1f0!2f0!3f0!3m2!1i1024!2i768!4f13.1!
      3m3!1m2!1s0x60188bdf2c891475%3A0xa0a942a
      1368b185!2z44CSMTA0LTAwNDUg5p2x5Lqs6YO95
      Lit5aSu5Yy656-J5Zyw!5e0!3m2!1sja!2sjp!4v
      1639843481346!5m2!1sja!2sjp"
      width="100%" height="400"
      style="border:0;" allowfullscreen=""
      loading="lazy"></iframe>
114   </div>
115 </div>
116 </section>
```

■図4.145———「Googleマップ」のコードを埋め込んだHTML文書

■図4.146———「Googleマップ」の表示結果
（PCによる表示）

169

　Webサイトには，電話番号以外にも，ユーザのタイミングに応じて質問を受け付けることができるフォーム形式のお問合せ機能を設けていることが多い。ここでは，section要素とform要素を使用し，お問合せフォームの各入力欄の作成方法について解説する。入力欄はお名前，メールアドレス，お問合せ内容の3つとし，入力欄の最後に送信ボタンを作成する。ただし，今回の演習はフォーム内容を送信するプログラムは作成しないため，実際にフォームを送信することはできない。

### ①HTMLによるお問合せフォームセクションの作成

　HTMLによるお問合せフォームのセクションの作成手順は，以下のとおりである。図4.147にこの手順によって作成したHTML文書を，図4.148にその表示結果を示す。

（1）section要素を記述し，id属性に「"contact"」と記述する。
（2）h2要素を記述し，お問合せセクションのタイトルとして表示されるように「お問合せ」と記述する。
（3）form要素を記述する。
（4）フォームの部品をグループ化するためのdiv要素を記述する。
（5）label要素に「お名前」と記述し，フォームラベルを作成する。
（6）input要素を記述し，type属性に「"text"」と記述することで氏名の入力欄を作成する。
（7）label要素に「メールアドレス」と記述し，フォームラベルを作成する。
（8）input要素を記述し，type属性に「"email"」と記述することでメールアドレスの入力欄を作成する。
（9）label要素に「お問合せ内容」と記述し，フォームラベルを作成する。
（10）textarea要素を記述し，お問合せ内容の入力欄を作成する。
（11）各入力欄の要素にclass属性を記述し，クラス名を「"formparts"」と記述することで装飾を一括で指定できるようにする。
（12）input要素を記述し，type属性に「"submit"」と記述することでフォーム送信ボタンを作成する。さらに，value属性に「"送信"」，class属性に「"formbutton"」を記述する。

```
index.html
117    <section id="contact">
118      <h2>お問合せ</h2>
119      <form>
120        <div>
121          <label>お名前</label>
122          <input type="text" class="formparts">
123          <label>メールアドレス</label>
124          <input type="email" class="formparts">
125          <label>お問合せ内容</label>
126          <textarea class="formparts"></textarea>
127          <input type="submit" value="送信"
             class="formbutton">
128        </div>
129      </form>
130    </section>
131  </main>
```

■図4.147————お問合せフォームセクションのHTML文書

■図4.148————お問合せフォームセクションの表示結果
（PCによる表示）

### ②CSSによるお問合せセクションの装飾

CSSによるお問合せセクションの装飾手順は，以下のとおりである。図
4.149にこの手順によって作成したCSSを，図4.150にその表示結果を
示す。

#### #contact部分

「background-color: #1d1f4e;」と記述し，お問合せフォームセクション
の背景色を「#1d1f4e」（青色系）に設定する。

#### #contact h2部分

「color: #fff;」と記述し，お問合せセクションのh2要素の文字の色を
「#fff」（白色）に設定する。

#### form部分

（1）「display: flex;」と記述し，Flexboxを作成する。

（2）「justify-content: center;」と記述し，フォームを横方向に対して中
　　央に配置されるように設定する。

171

### label 部分

　label 要素は，インラインボックスを生成する要素であるため，初期状態では要素が横並びになってしまう。そこで，display プロパティを記述し，label 要素をブロックボックスに変更することで要素が縦に並ぶように設定する。

（1）「display: block;」と記述し，label 要素をブロックボックスにする。
（2）「color: #fff;」と記述し，フォームラベルの文字の色を「#fff」（白色）に設定する。
（3）「margin: 24px 0 8px 0;」と記述し，フォームラベル上部に「24px」，左右部に「0px」，下部に「8px」の余白を設定する。

### .formparts 部分

　フォームの入力欄を一括で装飾するため，各入力欄に同じクラス名の「"formparts"」を記述する。「"formparts"」を設定している input 要素と textarea 要素も，label 要素と同じくインラインボックスを生成する要素であるため，display プロパティを記述し，ブロックボックスを生成する設定をする。

（1）「display: block;」と記述し，ブロックボックスを作成する。
（2）「width: 340px;」と記述し，ブロックボックスの幅を「340px」に設定する。
（3）「background-color: #fff;」と記述し，入力欄の背景色を「#fff」（白色)に設定する。
（4）「border-radius: 8px;」と記述して，入力欄の角を「8px」の角丸に設定する。
（5）「padding: 8px;」と記述して，入力欄の内側に「8px」の余白を設定する。

### .formbutton 部分

　フォームの送信ボタンになるため，フォームの入力欄とは見た目を変える。

（1）「display: block;」と記述して，ブロックボックスを作成する。
（2）「height: 40px;」と記述して，ブロックボックスの高さを「40px」に設定する。
（3）「width: 120px;」と記述して，ブロックボックスの幅を「120px」に設定する。
（4）「background-color: rgba（222, 2, 21, 1);」と記述して，ブロックボックスの背景色を「rgba（222, 2, 21, 1)」（赤色系)に設定する。
（5）「color: #fff;」と記述して，ブロックボックスの文字の色を「#fff」（白色)に設定する。

（6）「text-align: center;」と記述して, ブロックボックスの文字を縦方向
に対して中央に配置されるように設定する。

（7）「margin: 40px 0 160px 0;」と記述して, ボタンの上部に「40px」,
左右部に「0px」, 下部に「160px」の余白を設定する。

### .formbutton:hover 部分

擬似クラスの「:hover」を記述し, ユーザがフォーム送信ボタンを選択
した際に見た目を変化させ, 操作可能な部分であることをわかりやすく
する。

「background-color: rgba (222, 2, 21, .8);」とし, マウスオーバ時に
ボタンの色が「rgba (222, 2, 21, .8)」(暗い赤色系)に変わるように設定
する。

```
style.css
121  #contact{
122     background-color: #1d1f4e;
123  }
124  #contact h2{
125     color: #fff;
126  }
127  form{
128     display: flex;
129     justify-content: center;
130  }
131  label{
132     display: block;
133     color: #fff;
134     margin: 24px 0 8px 0;
135  }
136  .formparts{
137     display: block;
138     width: 340px;
139     background-color: #fff;
140     border-radius: 8px;
141     padding: 8px;
142  }
143  .formbutton{
144     display: block;
145     height: 40px;
146     width: 120px;
147     background-color: rgba(222,2,21,1);
148     color: #fff;
149     text-align: center;
150     margin: 40px 0 160px 0;
151  }
152  .formbutton:hover{
153     background-color: rgba(222,2,21,.8);
154  }
```

■図4.149──お問合せフォームセクションのCSS

173

■図4.150──装飾を適用したお問合せフォームセクションの表示結果
(スマートデバイスによる表示)

## 4-4-**9** フッタエリア

Webサイトのフッタエリアには著作権表示(コピーライト)や各種リンクを設定することが多い。本項では,フッタエリアにコピーライトを表示させる手順を解説する。

### ①HTMLによるフッタエリアの作成

HTMLによるフッタエリアの作成手順は,以下のとおりである。図4.151にこの手順によって作成したHTML文書を,図4.152にその表示結果を示す。

(1) main要素の直後にfooter要素を記述する。
(2) footer要素内にp要素を記述する。
(3) p要素内にsmall要素を記述し,「&copy;2022 MihonStationeryStore」と記述する。

small要素は,免責や著作権などの注釈を作成するときに使用するHTML要素である。著作権表示(コピーライト)は「© (マルシー)マーク＋[*52]著作物の最初の発行年＋著作権者名」の3つの要素を記述する。©マークは特殊記号の「&copy;」や「(C)」と表記してもよい。

*52 ©(マルシー)マークによる著作権表示については,a-1-4を参照のこと。

174

```
index.html
131     </main>
132     <footer>
133       <p><small>©2022 
          MihonStationeryStore</small></p>
134     </footer>
135   </body>
136 </html>
```

■図4.151────フッタエリアのHTML文書

お問合せ内容

送信

©2022 MihonStationeryStore

■図4.152────フッタエリアの表示結果
（スマートデバイスによる表示）

### ②CSSによるフッタエリアの装飾

　CSSによるフッタエリアの装飾手順は，以下のとおりである。図4.153に
この手順によって作成したCSSを，図4.154にその表示結果を示す。

#### footer部分

（1）「height: 60px;」と記述し，フッタエリアの高さを「60px」に設定
　　する。

（2）「width: 100%;」と記述し，フッタエリアの幅を画面幅いっぱいに設
　　定する。

（3）「background-color: #222;」と記述し，フッタエリアの背景色を
　　「#222」(灰色系)に設定する。

（4）「text-align: center;」と記述し，フッタエリアの文字を中央揃えに設
　　定する。

（5）「padding: 16px;」と記述し，フッタエリアの余白を「16px」に設
　　定する。

## small 部分

（1）「font-size: 12px;」と記述し，表示させるコピーライトの文字の大きさを「12px」に設定する。

（2）「color: #fff;」と記述し，表示させるコピーライトの文字の色を「#fff」(白色)に設定する。

```
style.css
155 footer{
156     height: 60px;
157     width: 100%;
158     background-color: #222;
159     text-align: center;
160     padding: 16px;
161 }
162 small{
163     font-size: 12px;
164     color: #fff;
165 }
```

■図4.153————フッタエリアのCSS

■図4.154————装飾を適用したフッタエリアの表示結果
（スマートデバイスによる表示）

　以上で，「見本文具店」のWebページは完成となる。

　この演習では，1ページで完結するWebサイトをモデルに制作したが，メニューの数だけページを用意したい場合など，複数ページにわたるWebサイトにも応用することができる。たとえば，「トップページ」は「index.html」とし，「商品一覧」は「products.html」などの名称でHTMLファイルを別途作成することでページを複数作成し，「商品一覧」に<a href="products.html">商品一覧</a>と記述することで，商品一覧専用[53]のページに遷移する構造にすることも可能である。

*53 この場合は，「products.html」が「index.html」と同じディレクトリにある場合の記述である。

# Webサイトの公開と運用

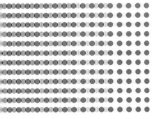

# 5-1
# テストと修正

Webサイトを公開する前には念入りなテストを行い，不具合を修正してから公開する。ここではWebサイトのテストとデバッグ，ユーザへの配慮について解説する。

---

### 5-1-1　テストと修正

　Webサイトが完成したら，公開する前に本番と同じ環境，または近い環境で必ずテストを行い，不具合はすみやかに修正する。発見された表示崩れや誤動作，読み込み速度の遅延など，内容の修正にはかなりの時間を要することもあるため，制作スケジュールに**テスト**と**修正**の工程を忘れずに盛り込む必要がある。

　表5.1に，Webサイトのおもなテスト項目をあげる。テストの項目は大きく表示，動作，パフォーマンスの3つに分けられる。

　**表示**のテストでは，おもにWebブラウザやOSが異なる環境での表示崩れや原稿内容の誤り，誤字脱字などのスペルチェックを行う。

　**動作**のテストでは，おもにインタラクションやリンクチェックの確認，CMSを導入した場合には，投稿した記事がWebページに出力されるかなど，開発した機能の動作確認を行う。とくに**PHP**[*1]や**CGI**[*2]（Common Gateway Interface）などのプログラムを使用した場合には，サーバ環境によっては動作しないことがあるため，必ず本番環境と同じか，または近い環境でテストを実施する。「Facebook」や「Twitter」，「Instagram」といったSNSとの連携機能をもつ場合は，実際に連携機能を使用し，投稿などをテストしておくのが望ましい。

　**パフォーマンス**のテストでは，おもに不必要に大きな画像が読み込まれていないか，応答していないプログラムがないかなど，Webページの読み込み速度に関連するテストを行う。一見軽視されがちな項目であるが，パフォーマンスが低いとユーザの離脱に直結するため注意が必要である。

　なお，不具合がある部分を修正することを**デバッグ**とよぶ。Webサイトの規模や内容に応じて，何度かのテストとデバッグを繰り返したあとに，Webサイトを公開することが重要である。

*1　The PHP Group によって開発されているサーバサイドのスクリプト言語である。当初からWebサイト制作のための言語となることを意図して開発されており，Webサイト制作の開発言語としては世界的に最も利用されている言語である。「WordPress」やWebアプリケーションソフトウェアにも多く利用されている。

*2　Webサーバソフトウェアが必要に応じて外部プログラムを起動し，その処理結果を受け取るためのしくみのこと。このとき起動する外部プログラムをCGIプログラムとよんでいる。おもな使用例として，電子掲示板への読み書き，Webサイト内に設けられたアンケートや問合せなどの機能に利用されている。

| テスト項目 | 分類 | 確認内容 |
|---|---|---|
| 表示 | デザイン | 余白や文字サイズ，行間，色の指定など，主要な各種OSやWebブラウザ間で生じる表示結果の差異を確認する。 |
| | テキスト（タイトル，文章など） | 原稿内容が正しく反映されているか，誤字脱字や機種依存文字がないか，数値の誤りがないかを確認する。 |
| | 画像 | 画像のリンクが切れていないか，解像度は適切かを確認する。また，altが入っているか，設定されたaltが適切かも合わせて確認する。 |
| | メタ情報 | ページを適切に表現したタイトル，キーワード，ディスクリプション[*3]が設定されているかを確認する。 |
| 動作 | インタラクション | マウスオーバやドロップダウンメニューなどが設計どおりの動作になっているかを確認する。 |
| | ページ遷移 | リンク切れがないか，リンクしている先が正しいかを確認する。 |
| | 機能 | プログラムが設計どおりに動作しているかを確認する。 |
| パフォーマンス | 表示速度 | Webページの読み込み速度が遅くないか，遅い場合は何が原因かを確認する。 |

*3 検索結果のWebサイトのタイトル下に表示される，Webサイトの概要や内容を示したテキストのこと。メタディスクリプション（meta description）ともよぶ。

## 5-1-2　ユーザへの配慮

　ユーザが製品やサービスの利用を通して得られる一連の体験である**ユーザ体験（UX）**や，ソフトウェアやWebサイトの使いやすさ，わかりやすさを追求する**ユーザビリティ**[*4]，ユーザの視点に立ってデザインを行う**ユーザセンタードデザイン**[*5]，さらには高齢者や障がい者も含めた，より多くのユーザが情報を取得・発信できることを追求する**アクセシビリティ**といった考え方は，コンセプトメイキングや設計の段階で盛り込まれるべきであるが，公開前のテストの段階ではそれらが実際に機能しているかどうかを評価する。

　配色や文字の大きさの設定などによる可読性や音声読み上げソフトウェアへの対応，コンピュータや通信環境の違いによる動作不良，知的財産権の管理，情報倫理への対応など，コンテンツの内容そのもののほかにも配慮すべき点は多い。昨今では，企業の社会的責任に対する意識の高まりから，アクセシビリティへの注目度が高くなっている。最終段階で大きなデザイン変更につながる問題が発見されることがないように，コンセプトメイキングの段階，設計段階，素材制作段階でも，これらのチェックを行っておく必要がある。

*4 ISO9241-11においては，「特定の利用状況において，特定のユーザによって，ある製品が，指定された目標を達成するために用いられる際の，有効さ，効率，ユーザの満足度の度合い」と定義されており，Webサイトが目指すべき目標の1つでもある。

*5 実現のため，コンセプトメイキングの段階からユーザに関与してもらうなどの手法もある。

# 5-2
# Webサイトの公開

テスト環境で表示や動作の確認を行う，または本番へ公開を行うには，関連するファイルをすべてWebサーバにアップロードする必要がある。ここでは，Webサーバへのアップロードの方法について解説する。

## 5-2-1　Webサーバへのアップロード

**FTP**（File Transfer Protocol）とは，FTPサーバとのデータの送受信を行うためのTCP/IPの代表的なプロトコルの1つである。ネットワーク上のコンピュータから，**Webサーバ**にWebページの関連ファイルをアップロードするためにはFTPを利用する。FTPによるファイル転送は，アップロードするコンピュータでコマンドプロンプト[*6]を起動し，ftpコマンドを使うか，GUI操作が可能なFTPソフトウェアを使う，またはHTMLエディタに装備されているFTP機能を利用する。FTPはファイルを暗号化せずに転送するため，悪意のある者に盗み見られる可能性がある。そのため，現在ではFTPでのファイル転送を暗号化するFTPSや，SFTP，SCPといったプロトコルが推奨されている。

**FTPS**は，**SSL/TLS**[*7]の暗号化技術を使用してファイルを転送するしくみで，SSL/TLSサーバ証明書が必要である。**SFTP**は，ネットワークを介して別のコンピュータと安全に通信するためのプロトコルである**SSH**[*8]を利用して，転送中のデータを暗号化するしくみである。なお，SFTPはSSHを利用できるサーバ環境で使用することができる。

**SCP**はSFTPに似たプロトコルで，SFTPと比較して通信速度が速いというメリットがあるが，SSHサーバにUNIX系のシェル[*9]を備える必要がある。

*6 「Windows」に搭載されているシステムツール。「macOS」では「ターミナル」が相当する。キーボードのみで操作する，CUI（Character User Interface）であり，コマンド（命令文）を用いて操作を実行することができる。

*7 SSL/TLSについては，5-4-1 [3] を参照のこと。

*8 Secure Shellの略称。

*9 ユーザからの要求をOSに伝えるための窓口的な役割をもつプログラム。

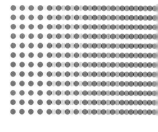

# 5-3
# 評価と運用

Webサイトを公開したら，当初の目的が達成されているかどうかの評価を行う。また，Webサイトの更新やリニューアルなどの方針は，評価に基づいて修正，変更していく。ここでは，Webサイトの評価に重要な情報および運用について解説する。

---

## 5-3-1　評価

　多くのWebサイトでは，**アクセス解析ツール**で計測したデータを基に評価を行う。アクセス解析ツールでは「ユーザ」，「集客」，「行動」，「コンバージョン」の情報について確認することができる。

　「**ユーザ**」の情報は，おもにOSやWebブラウザなどのデバイス情報や，アクセスされた地域，新規，リピータの割合，一定時間（期間）内にWebサイトにアクセスしたユーザ数である**ユニークユーザ数**[10]，一定時間（期間）内にユーザがサイトを訪れた回数である**セッション数**[11]，年齢層や性別，興味のある分野などが確認できる。ただし，年齢層や性別，興味のある分野についてのデータはユーザのWebサイトの閲覧履歴から自動的に解析された値であるため，必ずしも正しいとは限らない。

　「**集客**」は，ユーザが直前まで閲覧していたWebサイト（流入元）がどこか，検索であれば検索されたキーワードは何かなど，Webサイトへのユーザの流入経路を確認する機能である。

　「**行動**」は，ユーザがどのような行動をしたのかを把握するための機能である。Webサイトや，特定のWebページのアクセス数を計る**ページビュー**，ランディングページや離脱したページなどの行動フローを確認することができる。

　「**コンバージョン**」は，Webサイトの目標を設定し，その目標がどの程度達成できたのかを確認する機能である。ECサイトであれば，商品の購入完了ページへの到達をコンバージョンとすることが多い。学校などであれば，問合せや学校案内の資料請求完了ページをコンバージョンとするなど，目標に応じた設定をする必要がある。とくに，バナー広告などを外部メディアに掲載する場合は，広告費用に見合ったコンバージョンが得られているのかを定期的に計測し，バナー広告のデザインを変えていくなどの調整を実施する。

　アクセス解析ツールで集計された情報は単なるデータであるため，眺めるだけでは何も得られない。設定した目標を達成するためのツールとして，データの傾向から示唆を読み解いたり，仮説を立てて検証することで

*10 複数回アクセスした人（同一IPアドレス）は1人として数える。

*11 訪問数ともよばれる。

181

評価を繰り返し行っていく。

　また，検索エンジンによる検索結果の上位表示を実現し，アクセス数の向上を図るための施策を**SEO**（Search Engine Optimization）とよぶ。SEOには，自身がつくっているWebサイトの文書構造の最適化や，検索するユーザのニーズに合わせてコンテンツを提供するといった内部的な施策と，外部サイトから自身のWebサイトにアクセスするためのリンクを張ってもらう外部的な施策がある。

　現在の検索エンジンは，ユーザにとってより有益な情報を検索結果の上位に表示させるしくみになっているため，SEO施策を考える際は，検索するユーザにとって価値がある情報を提供できているか，また検索エンジンが解釈しやすいかたちでWebサイトが構成されているかの観点で施策を行う必要がある。

## 5-3-**2**　運用

　Webサイトは公開後の**運用**が非常に重要である。長期にわたってWebサイトの更新がなければユーザからの評価は下がってしまう。ゴールは公開することではなく目的を達成することであり，ユーザの継続的なアクセスを実現するためには，更新を随時行い，時代に適したリニューアルを行っていく必要がある。

　**更新**では，Webサイト内でこれまで掲載されていた情報の修正や追記，新規コンテンツの追加，役目を終えたコンテンツの削除を行う。

　また，Webサイトを取り巻く技術やデザインのトレンド，求められるゴールは日々変わっていくため，更新ではまかないきれない部分がでてくる。そこで，これまでのWebサイトの評価結果を基に，新たにコンセプトメイキングを行い，リニューアルを実施する。

　**リニューアル**とは，Webサイトを改修することである。単純にWebサイトの見栄えを新しくすることではなく，Webサイト運用中に判明した不具合などの問題や課題をまとめ，コンテンツからデザイン，システムや運用のフローまで，Webサイト全体を見直すことが重要である。

# 5-4
# セキュリティとリテラシ

情報セキュリティは，情報の機密性，完全性，可用性を維持することと定義されている。機密性とは秘密が漏れないこと，完全性とは情報が正しいこと，可用性とは情報がいつでも使えることである。ここでは，Webサイトの公開や運用，閲覧における情報の安全な管理，節度をもった情報の扱い方など，多くの留意すべき事柄について解説する。

## 5-4-1　情報セキュリティ

　インターネットなどの**情報通信技術**（**ICT**：Information and Communication Technology）への依存が高まる社会において，情報セキュリティはより重要になっている。

### [1] 情報セキュリティ対策

　**情報セキュリティ**とは，情報の機密性，完全性，可用性を確保しつつ，正常に維持することである。**機密性**とは，特定の認められた者だけが情報にアクセスできることで，**完全性**とは，情報が破壊，改ざんされない状態であること，**可用性**とは，必要なときに情報にアクセスできることである。たとえば，厳重に情報を保護し機密性を確保したとしても，その情報に対して必要なときにアクセスできなければ，可用性の点で問題があるということになる。安心，安全に，そして便利にICTを利用していくためには，機密性，完全性，可用性のバランスをとりながら情報セキュリティ対策を講じなければ，大きな被害が生じる恐れがある。

### [2] 基本的な情報セキュリティ対策

　基本的な情報セキュリティ対策として，おもに以下のようなことがあげられる。

### ①ソフトウェアをつねに最新に保つ

　OSをはじめとするさまざまなソフトウェアは，情報セキュリティ上の弱点（脆弱性[*12]）が発見されることがある。ソフトウェアの開発メーカなどから提供される修正プログラムを適用し，つねに最新の状態に保つように心がけなくてはならない。

*12 脆弱性については，5-4-1 [3]を参照のこと。

### ②IDやパスワードを適切に管理する

　悪意のある者に**ID**と**パスワード**が知られてしまうと，悪用されたり犯罪に巻き込まれる可能性がある。このような被害にあわないためにも，IDや

パスワードは適切に管理をしなくてはならない。具体的には、パスワードは他人が容易に推測や解読できないものを作成し、またそのパスワードを複数のWebサイトで使い回さないことが重要である。

### ③マルウェア対策をする

　マルウェア（malware）とは、「malicious」と「software」を組み合わせた造語で、悪意のあるソフトウェアという意味である。一般には、コンピュータウイルスともよばれる。表5.2に、代表的なマルウェアを示す。マルウェアからデバイスやデータを守るために、ウイルス対策ソフトウェアを利用したり、身元の定かでないプログラムを利用しないなどの措置を講じる必要がある。また、不正な通信を遮断する**ファイアウォール**を有効[\*13]にすることもマルウェア対策となる。しかし、つぎからつぎへと新しいマルウェアがつくり出されるため、完璧な対策は存在しないのが現状である。そのため、大切なデータは、いつでも復旧できるようにバックアップを取っておくことが望ましい。もし、デバイスがマルウェアに感染したり感染の疑いがあった場合には、すみやかにあらゆるネットワークから切り離し、感染の拡大を防ぐことが重要である。また、学校や会社などにネットワークの管理者やシステムの担当者がいる場合は、感染の報告をするべきである。

### ④接続するネットワークをよく確認する

　スマートフォンの普及にともない、公衆無線LAN環境の整備が進み、日常的にさまざまなネットワークに接続する機会が増えている。なかには、悪意をもったネットワークもあり、もし接続してしまうと、情報を盗み見られたり、マルウェアに感染させられたりすることがある。ネットワークに接続する際には、そのネットワークが信頼できるものなのか、接続した際にURLが「https://」で始まっているSSL/TLSを導入したWebサイトであるかなどを確認することが重要である。

■表5.2————代表的なマルウェア

| 種類 | 説明 |
|---|---|
| スパイウェア | 感染したデバイス内にある情報を収集し、外部に送信する。 |
| ランサムウェア | コンピュータを操作不能にしたり、データを暗号化したりすることで、制限解除のための金銭を要求する画面を表示させる。 |
| ワーム | 自己のコピーを拡散、増殖させてコンピュータを破壊したり、システムを異常動作させたりする。 |
| キーロガー | キーボードの操作を記録するソフトウェアやハードウェアの総称。パスワードなどを盗み出すために悪用されたりする。 |
| アドウェア | 広告を強制的に表示させる。 |

\*13 ネットワークをインターネットに接続する場合に、正当な利用目的以外のアクセスを制限するしくみ。外部からのアクセスのみでなく、内部からのアクセスを外に流れないように遮断することもできる。ファイアウォールはネットワーク上に配置するハードウェアであったり、デバイスにインストールするソフトウェアであったりなど用途に応じた種類がある。

## [3] サイバー攻撃

**サイバー攻撃**とは，悪意のある攻撃者がサーバやPC，スマートフォンなどのコンピュータシステムに対し，ネットワークを通じてデータの窃取や破壊，改ざんなどの攻撃を行うことであり，インジェクションアタックともよばれる。ここでは，サイバー攻撃に関連する基本的な用語について説明する。

### ①不正アクセス

**不正アクセス**とは，本来アクセスする権限をもたない者が，コンピュータシステムやネットワークの内部に侵入して，システムの破壊や停止，情報を盗み取ったりすることである。日本では，2000年に「不正アクセス行為の禁止等に関する法律(不正アクセス禁止法)」が施行された。不正アクセスのおもな手口としては，パスワードの文字を1つずつ変えながら文字列を入力し，アクセスを試みる**ブルートフォースアタック(総当たり攻撃)**や，攻撃者が不正に入手したIDとパスワードのリストを用いてアクセスをする**リスト型攻撃**などがある。いずれの手口においても，パスワードは容易に推測や解読できないものにしたり，同じパスワードを使い回さないことで対策ができる。

### ②脆弱性

**脆弱性**とは，コンピュータやネットワークにおいて，情報セキュリティ上の問題を引き起こす可能性のある弱点のことである。**セキュリティホール**ともよばれる。OSやソフトウェアの設計上の問題に限らず，誤った設定や管理体制の不備なども脆弱性の1つとなる。脆弱性が発見されると，多くの場合，OSやソフトウェアを開発したメーカからその対策を施した修正プログラムが提供されるが，その提供までの間に攻撃する**ゼロデイ攻撃**が仕掛けられることもある。脆弱性は完璧な対策が存在しないのが現状である。

### ③改ざん

**改ざん**とは，Webサイトやコンピュータシステムが攻撃者によって意図しない状態に変更されることである。Webサイトに意図しない情報を書き込まれたり，不正なプログラムを挿入されたりする。Webサイトの入力フォームを用いて不正なプログラムを埋め込み，個人情報を盗み取ったり，Webページの内容を改ざんする**クロスサイト・スクリプティング(XSS)**という攻撃の被害が増加している。

### ④踏み台

**踏み台**とは，コンピュータシステムを攻撃者に乗っ取られ，不特定多数へのサイバー攻撃の中継地点として利用されてしまうことである。標的と

なるWebサーバやネットワークなどの機器，システムに対して大量の
コンピュータを使って過剰なアクセス負荷を与える**DDoS攻撃**の一員に
されてしまうことがある。

### ⑤SSL/TLS

　**SSL**（Secure Socket Layer）/**TLS**（Transport Layer Security）とは，[*14]
WebサーバとWebブラウザ間での通信において，送受信するデータを暗
号化するしくみの1つである。暗号化することで送受信するデータが保護
され，盗聴や改ざんを防ぐことができる。

　SSL/TLSで通信をするには，**HTTPS**（HyperText Transfer Protocol
Secure）という通信プロトコルを使う。SSL/TLSにより暗号化されたWeb
サイトにアクセスすると，URLの先頭は「http://」ではなく「https://」と
なり，Webブラウザに錠のマークが表示されたり，アドレスバーの色が変
わったりするため，自身がSSL/TLSでアクセスしているかどうかが確認
できる。

　WebサイトにSSL/TLSを導入するには，WebサーバにSSL/TLSサー
バ証明書とよばれる**電子証明書**をインストールする必要がある。電子証明
書とは，インターネット上における身分証明書であり，**認証局**（**CA**：Certi-
fication Authority）とよばれる信頼のおける第三者機関によって審査の
うえ発行される。

---

### 5-4-**2**　インターネットリテラシ

　リテラシの本来の意味は「読み書きする能力」であり，現代では「ある特
定の分野に関する知識や理解する能力」という意味で使われている。ここ
でいうインターネットリテラシ（ネットリテラシ）とは，「インターネットを
正しく使うための能力」のことである。

### [1] インターネットを正しく使うために

　インターネット上には，正しい情報だけでなく，誤った情報や危険な情
報も多く存在している。インターネットを正しく使いこなすためには，こ
のような状況を認識し，情報を正しく読み取り適切な取捨選択のできる
能力が必要不可欠である。

### ①すべてが正しいと思わない

　インターネット上にある情報は，すべてが正しいとは限らない。なかに
は意図的に事実に反する情報を流す者もいる。インターネット上にある情
報は簡単に鵜呑みにせず，その情報が正しいかどうかを自分自身で調べ，
判断する能力が必要不可欠である。

## ②誰かが見ている

インターネットは，情報を得るだけでなく自ら情報を公開でき，不特定多数がそれを閲覧する可能性がある。これはインターネットのメリットであると同時にデメリットでもあるということを認識しなくてはならない。

## ③必ず記録が残る

インターネットを使うと必ず記録が残る。自分では匿名のつもりで行動したとしても必ず通信の記録が残ることを認識しなくてはならない。電子掲示板などで犯罪予告をした者が逮捕されるのはそのためである。

## ④情報は消せない

インターネット上に公開された情報は簡単に複製ができる。一度でもインターネット上に公開した情報は，たとえ削除をしたとしてもどこかに複製されている可能性があり，それらすべてを削除することは不可能であると考えるべきである。

## ⑤声にして言えないことは言わない

インターネット上では，発言することの抵抗感が少なくなりがちである。普段は声にして言えないようなことでも，インターネット上では言えてしまうという者がしばしばいる。多くの批判や誹謗中傷が殺到する炎上というトラブルの原因の多くは不用意な発言である。もちろん，自らも批判や誹謗中傷をしてはいけない。

## [2] 個人情報の取り扱い

さまざまな情報のなかでも，とくに取り扱いに気をつけるべきものが個人情報である。ここでは個人情報について，自分と他人の2つの観点で考える。

## ①自分の個人情報を守る

**個人情報保護法**では，個人情報の定義を「生存する個人に関する情報」で「特定の個人を識別できるもの」としている。氏名や生年月日，住所はもちろん，顔写真も個人情報に該当する。姓だけでは個人を特定できなくても，生年月日と組み合わせることで個人を特定できる情報になる場合があるため，たとえ断片的なものであっても取り扱いに注意しなくてはならない。また，自宅のなかで撮影した写真でも，部屋の間取りや，窓の外の風景などがわかるようなものであると，不動産情報サイトや地図サービスなどで調べることにより，その場所が特定できることがあるため，どのような情報でも個人情報になり得るということを認識しておかなければならない。

インターネット上のサービスを利用する際には，個人情報の登録が必要

とされることが多い。このような場合には，登録先が信頼できるかどうかをよく調べてから登録する必要がある。また，クラウドサービス上に保存しているファイルは，その公開範囲や共有先が正しく設定できていないと，誰でもその情報にアクセスできてしまう可能性があるため注意が必要である。

### ②他人の個人情報を預かる

　他人の個人情報を取り扱う場合，その個人情報を預かる立場として漏えいと濫用を防止する義務が発生する。個人情報の漏えいとは，本来，個人情報を知り得る権限をもたない者にその情報が知られてしまうことである。個人情報の濫用とは，預かった個人情報を本来の目的には当てはまらない用途で使用することであり，たとえば，業務上知り得た連絡先情報を私的な連絡のために利用するなどの行為である。個人情報保護法では，個人情報の取得は利用範囲をできる限り特定して行うべきとされ，利用範囲の逸脱や第三者への提供の禁止，苦情に対しては迅速に対応することなどが罰則を設けて規定されている。また，2018年に欧州連合（EU）で施行されたGDPR（General Data Protection Regulation：一般データ保護規則）は，個人情報の取り扱いについて詳細に定められた法令で，EU加盟国に適用される。おもな内容としては，本人が自身の個人情報のデータの削除をデータの管理者に要求できることや，個人情報のデータの管理者は厳格にデータを管理することが求められ，これに違反した場合には，厳しい罰則が課せられるなどがある。EU居住者の個人情報のデータを取り扱う場合，対応が必要となる可能性があるため，注意が必要である。

# appendix

知的財産権

# a-1
# 知的財産権

Webサイトの制作には，文章，写真，グラフィックス（静止画像），動画像，アニメーション，音などさまざまな素材を利用する。これらのうち知的財産として法的に保護されるものは，独占的な利用が認められ，他人による無断利用や模倣から守ることができる。これらを保護すると同時に，さらに活用するためには，知的財産権に関する知識が不可欠である。ここでは，法的保護の対象となるものや創作者の権利など，知的財産権のうち著作権について解説する。

## a-1-1　知的財産権

**知的財産権**とは，人間が知的な創造活動によって生み出した成果（知的財産）に対する権利の総称である。知的財産権制度は，成果を生み出した創作者に一定期間権利を与えて法的に保護することで，他人による成果の無断利用を防ぐとともに，創作者の経済的基盤を確保することによってさらなる成果の創造をうながし，それによって産業や文化の発展をもたらすことを目的としている。

　知的財産権には，おもに**著作権**と**産業財産権**（特許権，実用新案権，意匠権，商標権）があり，保護対象とする成果により権利や保護法が異なる。知的財産権の概要は表a.1に示すとおりである。

appendix
1-1
知的財産権

＊1　2019年意匠法改正で，2020年4月1日から施行。

■表a.1──知的財産権の概要

| | 保護対象 | 保護法 | 権利名 | 保護期間 |
|---|---|---|---|---|
| 著作権 | 著作物（小説，音楽，舞踊，絵画，建築，地図，映画，写真，プログラムなど） | 著作権法 | 著作権（詳細は表a.2を参照） | 著作者の死後70年（法人，映画は公表後70年） |
| | 実演，レコード，放送 | | 著作隣接権 | 実演，発売後70年，放送後50年 |
| 産業財産権 | 発明（「物」，「方法」，「物の生産方法」の発明で高度なもの） | 特許法 | 特許権 | 出願日から20年 |
| | 考案（物品の形状，構造または組み合わせにかかわる考案で高度性は不要） | 実用新案法 | 実用新案権 | 出願日から10年（無審査） |
| | 意匠（物品のデザイン，画像デザインなど） | 意匠法 | 意匠権 | 出願日から25年 ＊1 |
| | 商標（トレードマーク，サービスマーク） | 商標法 | 商標権 | 設定登録日から10年（10年ごとに更新可能） |
| その他 | 営業秘密（ノウハウ，顧客データなど），著名な商品表示，形態など | 不正競争防止法 | ― | ― |
| | 半導体集積回路 | 半導体集積回路の回路配置に関する法律 | 回路配置利用権 | 設定登録日から10年 |
| | 植物新品種 | 種苗法 | 育成者権 | 品種登録日から25年（樹木など永年性植物は30年） |

## a-1-**2**　著作権法

　**著作権法**の目的は，著作権法第1条に「著作物並びに実演，レコード，放送及び有線放送に関し著作者の権利及びこれに隣接する権利を定め，これらの文化的所産の公正な利用に留意しつつ，著作者等の権利の保護を図り，もって文化の発展に寄与すること」と定められている。著作権制度は，著作者と著作隣接権者の財産的，人格的な利益を保護することによって創作をうながし，その結果多様な著作物が生まれることで，最終的には「文化の発展に寄与する」ことを目的としている。著作権の概要は表a.2に示すとおりである。

■表a.2―――著作権の概要

| | 著作者の権利（著作物を創作した著作者に認められる権利） | |
|---|---|---|
| | **著作権（著作財産権）** | **著作者人格権** |
| 権利の発生（無方式主義） | 著作物（小説，音楽，美術，映画，プログラムなど）を創作した時点で自動的に発生 | |
| 権利の性質 | 財産的権利，譲渡可 | 人格的権利，譲渡不可 |
| 権利者 | 著作者（著作権者） | 著作者 |
| 権利の内容 | 複製権<br>上演権・演奏権<br>上映権<br>公衆送信権・伝達権<br>口述権<br>展示権<br>頒布権（映画の著作物のみ）<br>譲渡権（映画以外の著作物）<br>貸与権（映画以外の著作物）<br>翻訳権，翻案権など<br>二次的著作物の利用に関する権利 | 公表権<br>（未公表の自分の著作物を公表するかしないかを決定する権利）<br><br>氏名表示権<br>（自分の著作物を公表するときに著作者名を表示するかしないか，表示する場合は実名か変名かを決定する権利）<br><br>同一性保持権<br>（著作物の性質ならびにその利用の目的及び態様に照らしてやむをえないと認められる場合などを除き，自分の著作物の内容，題号を自分の意に反して勝手に改変されない権利） |
| 保護期間 | 一般著作物は原則として，創作のときから著作者の死後70年間＊2 | 著作者の生存中<br>（著作者の死後も著作者人格権の侵害となるべき行為をしてはならない） |
| 関係条約 | ベルヌ条約（文学的及び美術的著作物の保護に関するベルヌ条約）<br>万国著作権条約<br>TRIPS協定（知的所有権の貿易関連の側面に関する協定）<br>WIPO著作権条約（著作権に関する世界知的所有権機関条約） | |

＊2　保護期間
・実名（周知の変名を含む）の著作物：著作者の死後70年（原則的保護期間）
・無名・変名の著作物：公表後70年（死後70年の経過が明らかであれば，その時点まで）
・団体名義の著作物：公表後70年（創作後70年以内に公表されなければ，創作後70年）
・映画の著作物：公表後70年（創作後70年以内に公表されなければ，創作後70年）

「環太平洋パートナーシップ協定の締結に伴う関係法律の整備に関する法律の一部を改正する法律」が2018年12月30日に施行され，著作物の保護期間が50年から70年に改正された。

## [1] 著作物

著作権法によって保護されるものを**著作物**という。著作物は「思想又は感情を創作的に表現したものであって，文芸，学術，美術又は音楽の範囲に属するもの」（著作権法第2条1項1号）と定義されている。著作物であるためには，その表現形式や完成のいかんに関係なく，著作者の考えや個性が精神的な創作によって何らかの形で具体的に外部に表現されているものでなければならない。創作性を有することが重要な要素であり，その内容の優劣や芸術性，経済性，新規性などは問題とされない。著作物には，言語（小説など），音楽，舞踊（振付け），美術（絵画，漫画など），建築，学術的な図表，映画，写真，プログラムの著作物や編集著作物（新聞，雑誌など），データベースの著作物などがある。表a.3に著作物の種類を示す。これら以外でも著作物の定義に該当する限り著作物として保護される。

**著作物でないもの**としては，思想・感情を表現していない単なる事実や数字の羅列のようなデータ，外部に表現されていないアイデアやコンセプト自体，さらに画風や書風などの流儀，プログラム言語・規約・解法（アルゴリズム）などがある。また，表現されたものでも，ある内容について誰が作成しても同じような表現になるものや，決まり文句など平凡かつありふれた表現のものは創作性を欠き著作物とは認められないとされている。[*3]

図a.1に，Webページのデザインにおける著作物の例を示す。

*3　機械的に撮影された衛星画像，医用画像，監視カメラの映像なども創作性を欠いているため，著作物とはいえない。しかし，それらの使用にあたり撮影者や所有者を表示するなどの使用慣行や使用規約がある場合は，それらに従って適切に使用する。

■表a.3——著作物の種類

| 著作物の種類 | 内容 |
|---|---|
| 言語の著作物 | 講演，論文，レポート，作文，小説，脚本，詩歌，俳句など |
| 音楽の著作物 | 楽曲，楽曲をともなう歌詞 |
| 舞踊，無言劇の著作物 | 日本舞踊，バレエ，ダンス，舞踏，パントマイムなどの振付け |
| 美術の著作物 | 絵画，版画，彫刻，漫画，書，舞台装置など（美術工芸品を含む） |
| 建築の著作物 | 美的特性を備えた建築物 |
| 地図，図形の著作物 | 地図，学術的な図面，図表，設計図，立体模型，地球儀など |
| 映画の著作物 | 劇場用映画，アニメーション，ゲームソフト（RPGなど），テレビドラマの映像部分などの「録画されている動く影像」 |
| 写真の著作物 | 写真，グラビアなど |
| プログラムの著作物 | コンピュータプログラム |
| 二次的著作物 | 上記の著作物（原著作物）を翻訳，編曲，変形，脚色，映画化，そのほか翻案して作成したもの |
| 編集著作物 | 百科事典，辞書，新聞，雑誌，詩集などの編集物 |
| データベースの著作物 | データベース（p195 a-1-3を参照） |

図中のラベル:

写真の著作物

美術の著作物

言語の著作物

編集著作物
（Webページも編集著作物にあたる場合がある）

図表の著作物
（デザインされた図表）

音楽の著作物
（クリックして流れる音楽）

商標（サービスマーク）

登録商標：CG-ARTS
（シイジイアーツ）

登録番号：第3334551号
登録日：平成9（1997）年7月25日
指定役務：41類
画像情報生成処理
（コンピュータグラフィックス）に
関する知識の教授など

登録番号：第4026532号
登録日：平成9（1997）年7月11日
指定役務：41類　画像情報生成
処理者試験の実施
権利者：公益財団法人画像情報教
育振興協会

■図a.1————Webページのデザインにおける著作物

## ［2］著作者

　**著作者**は，著作物を実際に創作した者である。スポンサーや発注者など制作資金を提供した者，企画立案者，資料やアイデア提供者でも，実質的な創作を行っていない者は著作者ではないため，著作権を取得することはできない。このような場合は，著作者と著作権の譲渡契約を交わすことで**著作権者**（権利をもつ者）になることができる。

　著作者の特殊な場合として，つぎの職務著作の著作者がある。

### 職務上作成する著作物の著作者（職務著作）

　会社などで職務上作成する著作物については，つぎの要件をすべて満たした場合に限り，**職務著作**として実質的に創作した人が所属する会社など法人が著作者となる。[4]

1. 法人そのほか使用者の発意に基づくものであること。
2. 法人などの業務に従事する者の創作によること。
3. 職務上作成されるものであること。
4. 公表する場合に法人などの名義で公表されるものであること。[5]
5. 作成時に契約や勤務規則そのほかに別段の定めがないこと。

\*4　著作物を実質的に創作した従業員などは著作者になれず，法人が著作者として著作財産権と著作者人格権をもつ。

\*5　プログラムの著作物は，公表されない場合も多いため，4.を除く4つの要件を満たせばよい。

\*6　著作権(著作財産権)は,著作者の財産的利益を保護する権利である。権利の全部または一部を他人に譲渡できる。

\*7　著作者人格権は,著作者の人格的利益を保護する権利である。著作者人格権は一身専属で譲渡することができない。

\*8　著作隣接権は,著作物を創作する者ではないが著作物を公衆に伝達する実演家(俳優,歌手,演奏家,指揮者,演出家など),レコード製作者,放送事業者,有線放送事業者に認められる権利である。録音権,録画権,複製権,送信可能化権などがある。実演家のみに実演家人格権(氏名表示権,同一性保持権)がある。

\*9　私的使用目的の複製,写り込み,図書館での複製,引用,学校教育のための利用,非営利目的での上映,視聴覚障がい者のための利用,情報解析のための利用など(著作権法第30条から第47条の7)一定の条件のもとでは,権利者に許諾を得ることなく著作物を利用することができる。

\*10　以下のすべての要件を満たす場合に限り,非親告罪の対象となる。
①対価を得る目的または権利者の利益を害する目的があること。
②有償著作物(有償で公衆に提供または提示されている著作物)について原作のまま譲渡・公衆送信または複製を行うものであること。
③有償著作物などの提供・提示により得ることが見込まれる権利者の利益が不当に害されること。

## [3] 著作権の発生

　著作権は,著作物を創作した人(著作者)に認められる権利で,創作した時点で自動的に権利が発生する。権利を取得するために出願,登録など何らかの手続きをする必要はない。これを**無方式主義**とよぶ。著作権には表a.2に示すように著作物の創作者に認められる著作権(**著作財産権**[*6]**,著作者人格権**[*7])と,著作物を公衆に伝えるものに認められる**著作隣接権**[*8]がある。著作隣接権も,実演,レコード製作(最初の録音),放送,有線放送などの行為が行われた時点で自動的に発生し,取得手続きは必要ない。

## [4] 保護期間

　知的財産権の各権利には一定の存続期間が定められている(表a.1参照)。この期間を**保護期間**とよぶ。著作権は,著作者が著作物を創作したときに始まり,原則として著作者の死後70年までであるが,著作物の種類により保護期間が異なる(表a.2の\*2を参照)。保護期間が満了すれば権利は消滅し,それ以後,著作物は社会全体の公共財(パブリックドメイン)として誰でも自由に利用することができる。

## [5] 著作権侵害

　著作物の利用において,保護期間内の著作物を著作権の権利制限規定[*9]の利用に該当せず,かつ著作権者からの許諾を得ることなく利用した場合は**著作権侵害**となる。

### 民事的救済と刑事罰

　著作者や著作権者は,侵害者に対して民事上の救済措置として利用の差し止めや損害賠償などを請求することができる。また,著作権侵害は犯罪行為であり,権利者の告訴(親告罪。一部を除く)によって侵害者は刑事罰として原則10年以下の懲役もしくは1,000万円以下の罰金,またはその両方,会社など法人は3億円以下の罰金に処せられる。[*10]

### 侵害コンテンツの違法ダウンロード

　私的使用のためであっても,正規版が有償で提供されている著作物が違法にアップロードされていることを知りながら,侵害コンテンツのダウンロードを反復・継続して行った者は,2年以下の懲役または200万円以下の罰金に処せられる。

■補足1───肖像の利用

　著作権の問題ではないが,人物の顔が特定されるような写真などを利用する場合は,その人物の肖像権に注意する必要がある。肖像権は,人がみだりに自分の肖像を撮影されたり肖像を勝手に利用されたりしない権利で,人格的利益に関する「プライバシーの権利」と有名人の名前や肖像をめぐる経済的利益に関する「パブリシティの権利」の2つの面があると考えられている。人物の顔が特定できる写真などを利用する場合は,これらの権利侵害にならないよう必要に応じて許諾を得なければならない。

## a-1-3　ディジタルデータなどの法的保護

　CGなどディスプレイモニタ上に表示されるディジタルイメージは，その「表現」とその生成用「プログラム」を別個にとらえて，それぞれ著作物の定義に該当する限り著作物として保護される。ディスプレイモニタ上の「表現」の内容に応じて，たとえば，グラフィックは美術の著作物や学術的な図形の著作物，アニメーションやゲームソフト（RPGなど）は映画の著作物に該当すると考えられる。思想・感情を包含していないデータ自体は著作物ではないが，情報の集合物であるデータベースで「情報の選択又は体系的な構成によって創作性を有するもの」はデータベースの著作物として保護される。

　ディジタルデータは，コピーや改ざんなどが容易に行えるため，法的に保護されるものであっても，一度公表されたり，不注意に流出してしまえば，以後不正利用を防ぐことは非常に難しい。したがって，ディジタルデータは，必要に応じてデータへのアクセスを制限したり，複製防止機能や電子透かしなど技術的保護手段を活用したり，利用可能な範囲を意思表示するなど取り扱いや公表に関して主体的な管理が重要である。[11]

*11 著作物の利用において，ライセンスや権利譲渡とは別に，自社著作物の利用のガイドラインを提示する場合がある。例：「ネットワークサービスにおける任天堂の著作物の利用に関するガイドライン」

## a-1-4　ⓒ（マルシー）マークによる著作権表示

　書籍の奥付，Webページなどではⓒ表示が記載されているものがある。これは著作権者と発行年を記した著作権表示であるが，日本国内においてⓒ表示の有無は，著作権の保護とは無関係である。日本は，**ベルヌ条約**[12]加盟国で無方式主義を採用しているため，表示がなくても保護を受けることができる。実際にⓒ表示の効果があるのは，万国著作権条約のみに加入して方式主義を採用している国においてのみである。[13] しかし，条約の内容とは別に，ⓒ表示は著作権者および著作物の発行年が明確になるという機能的側面が重要視されて，Webページなどで利用されている。

　万国著作権条約上の正式な表示は，ⓒ記号，著作物の最初の発行年，著作権者名の3つの要素を一体としたものである。ⓒのCはCopyrightの頭文字である。

*12 明治19（1886）年にスイスのベルヌで成立した著作権の基本条約で，日本は明治32（1899）年に締結した。

*13 方式主義とは，著作権保護を受けるための条件として，登録，作品の納入，著作権の表示などの手続きを必要とすること。

　表示例　　ⓒ 2024 CG-ARTS All rights reserved.
　　　　　　ⓒ CG-ARTS 2024 All rights reserved.

## 参 考 図 書

［CG-ARTS 発行］
1 Webデザイン－コンセプトメイキングから運用まで－［第六版］（2023）
2 ディジタル映像表現－CGによるアニメーション制作－［改訂新版］（2015）
3 入門CGデザイン－CG制作の基礎－［改訂新版］（2015）
4 実践マルチメディア［改訂新版］（2018）
5 入門マルチメディア［第二版］（2023）
6 ビジュアル情報処理－CG・画像処理入門－［改訂新版］（2017）


［一般］
7 ウォルター・アイザックソン（著），井口 耕二（訳）：イノ
ベーターズ1　天才、ハッカー、ギークがおりなすデジタ
ル革命史，講談社（2019）

8 ウォルター・アイザックソン（著），井口 耕二（訳）：イノ
ベーターズ2　天才、ハッカー、ギークがおりなすデジタ
ル革命史，講談社（2019）

9 ブライアン・カーニハン（著），坂村 健（解説），酒匂 寛（訳）：
教養としてのコンピューターサイエンス講義　今こそ知っ
ておくべき「デジタル世界」の基礎知識，日経BP（2020）

10 栗谷 幸助，おの れいこ，藤本 勝己，村上 圭，吉本 孝一
（著）：初心者からちゃんとしたプロになる　Webデザイ
ン基礎入門，エムディエヌコーポレーション（2019）

11 Mana（著），岡村 亮太（イラスト）：1冊ですべて身につく
HTML & CSSとWebデザイン入門講座，SBクリエイテ
ィブ（2019）

12 狩野 祐東（著）：スラスラわかるHTML & CSSのきほん
第2版，SBクリエイティブ（2018）

13 MDN Web Docs，Mozilla（2022）
https://developer.mozilla.org/ja/docs/Web/HTML

14 文化庁著作権課（著）：著作権テキスト-令和5年度版-,文
化庁（2023）
https://www.bunka.go.jp/seisaku/chosakuken/
seidokaisetsu/pdf/93908401_02.pdf

15 福井 健策（著，編集），池村 聡（著），杉本 誠司（著），増田
雅史（著），赤松 健（イラスト）：インターネットビジネス
の著作権とルール（第2版），公益社団法人著作権情報セン
ター（2020）

## 画 像 制 作 ・ 演 習 素 材　提 供 一 覧

[chapter1]
図1.1，図1.9：原田 泰

[chapter2]
図2.1 ～図2.7，図2.9，図2.10：金子 敬省

[chapter3]
図3.1 ～図3.12，図3.16 ～図3.42，図3.48 ～図3.61，
図3.63 ～図3.65：村上 雄大

[chapter4]
図4.1 ～図4.154，演習素材：村上 雄大

# 入門 Web デザイン ［第四版］ 編集委員会

［編集委員長］

山口 康夫（株式会社エムディエヌコーポレーション）

［編集副委員長］

操上 勝司（株式会社クリガプロダクション）

［編集委員］

秋谷 寿彦（株式会社博報堂アイ・スタジオ）

金子 敬省（株式会社コンセント）

仲 義行

村上 雄大

［執筆者］ 数字は担当したchapterを表す

金子 敬省（株式会社コンセント）—— chapter2・5

久保田 浩明（東芝デジタルソリューションズ株式会社）—— chapter1・5

操上 勝司（株式会社クリガプロダクション）—— chapter1

後藤 道子（IPデザイン研究所）—— appendix

村上 雄大 —— chapter1・3・4・5

山口 康夫（株式会社エムディエヌコーポレーション）—— chapter1・2・3・4・5

山道 正明（合同会社2049）—— chapter1・2

［五十音順］

［編集協力］若林 尚樹（札幌市立大学）
［著作権処理］株式会社ブルームーン
［演習素材イラスト］宮内 舞（CG-ARTS）
［企画・編集］黒川 崇史　影山 由夏　近藤 聖子　篠原 たかこ（CG-ARTS）

CG-ARTSの検定や書籍
（正誤表を含む）の情報は
こちらをご覧ください
www.cgarts.or.jp

書名———— 入門Webデザイン ［第四版］

第一版一刷—— 2006年11月1日

第四版二刷—— 2024年2月2日

発行者———— 溝口 稔

発行所———— 公益財団法人 画像情報教育振興協会（CG-ARTS）

東京都中央区築地1-12-22　Tel 03-3535-3501

https://www.cgarts.or.jp/

表紙デザイン— 北田 進吾　畠中 脩大（キタダデザイン）

印刷・製本—— 日興美術株式会社

ISBN978-4-903474-66-3 C3004

ミックス
紙｜責任ある森林
管理を支えています
FSC® C141561